COLLECTION

REGARDS SUR LA SCIENCE

12 CLÉS POUR LA GÉOLOGIE

CLAUDE ALLÈGRE

Entretiens avec Émile Noël

BELIN

FRANCE Culture

Éditions Belin 8, rue Férou 75006 Paris

AVANT-PROPOS

Ce livre correspond à une série d'entretiens diffusés sur France Culture en avril 1987.
Nous avons conservé le style parlé de l'entretien. C'est le choix de la collection. C'est aussi l'espérance que la perte de rigueur et de précision, propre au style écrit sera compensée par la spontanéité, qui facilite la lecture et la compréhension de notions parfois techniques.
En tout cas, il est bien clair qu'il ne s'agit ni d'un manuel, ni d'un livre didactique, mais beaucoup plus d'un ouvrage d'impressions et de réflexions « spontanées ».
Il a pour objet, beaucoup plus de susciter une curiosité, de sensibiliser, que d'expliquer par le détail. Naturellement, comme il n'existe pas de raisonnement fondé sur du vide, il faut bien donner quelques concepts, quelques définitions, quelques explications de base, mais cela reste au niveau de la trame, du tissu général, même si ici ou là le rebondissement d'une question amène à tel ou tel approfondissement ponctuel. En somme c'est, un peu, une initiation.
L'espoir, c'est de susciter un intérêt, voire un pas ambitieux, des vocations pour ces sciences en pleine expansion, que sont les Sciences de la Terre.

CLAUDE ALLÈGRE
ÉMILE NOËL

En couverture : Bois coloré représentant l'Univers avec la Terre au centre. Tiré de Cornipolitanus *Chronographia* (1537). Collection Granger. New York.

ISBN 2-7011-1088-2 ISSN 0993-4812

TABLE DES MATIÈRES

INTRODUCTION

Terre ! a crié la vigie de la *Santa Maria,* apercevant enfin, après des mois de solitude salée, une barre à l'horizon qu'elle croyait être les Indes, atteintes par l'Ouest.

La Terre est ronde.

Terre ! murmurera peut-être le spationaute de retour d'un périple sidéral, en apercevant cette infime particule bleutée d'une galaxie parmi des milliards, apparaître sur le tube cathodique de son tableau de bord.
La Terre est bleue.

La Terre, notre planète, la seule que nous ayons pour le moment et pour un certain temps encore selon toute vraisemblance... si nous ne jouons pas trop au chien fou dans le magasin de porcelaine.

La Terre est ronde, avons-nous dit, cela ne tombe pas sous le sens à qui marche droit devant soi. La Terre fait un tour sur elle-même en un peu plus de 24 heures, dit-on encore ; ce n'est pas une perception immédiate, à regarder le ciel où « tournent » les étoiles. La Terre gravite autour du Soleil, selon les lois de Kepler, peut-on lire dans les livres ; cela non plus n'est pas une évidence pour qui voit le Soleil se « lever », décrire sa « course » et se « coucher ». Certes il y a le jour et la nuit, il y a les saisons plus ou moins marquées selon la latitude, mais qu'est-ce que cela prouve ? Galilée en sut quelque chose.

La Terre appartient au Système Solaire, avec son cortège de planètes, grandes et petites. Elle est la troisième du Système Solaire : son orbite se situe, entre Vénus et Mars, à une distance moyenne de 149 millions de kilomètres du Soleil.

C'est une boule de 6 370 kilomètres de rayon qui porte une robe atmosphérique transparente et cèle, en son centre, un noyau où personne (hormis l'irascible professeur Lidenbrock et son pauvre neveu Axel) n'est jamais allé. Elle a un satellite qui évolue à 384 000 kilomètres d'elle et qui détermine les marées des océans.

La surface de la Terre est complètement explorée : aujourd'hui l'exploration de la Terre est intellectuelle. Les terriens s'interrogent sur le pourquoi des phénomènes : sur la diversité des reliefs, les nuages, le vent, la pluie, la neige, la glace, les tempêtes, les tornades, les typhons, les cyclones, les inondations, les raz de marée, les tremblements de terre, les éruptions volcaniques.

La vie a choisi une planète sans cesse en mouvement qui s'ébroue parfois violemment. Comment comprendre son comportement ? On en a donné, au long des siècles, toutes sortes d'explications. La mythologie est devenue métaphore et la métaphore, modèle scientifique. Ce n'est que récemment que l'on a pu proposer une vision cohérente rendant compte de l'ensemble des phénomènes observés.
Comme le remarque Claude Allègre :

« La Terre est un système, au sens moderne de la logique des systèmes, sa dynamique est réglée par des causes multiples, interconnectées, interrégulées et, finalement, sa physionomie est aussi complexe et globale que celle d'un être vivant. »

Ces Douze clés pour la Géologie éclairent l'approche systémique. La progression est ainsi faite que chaque clé donne accès à la suivante, permettant ainsi l'ouverture de toutes les voies, selon un bon itinéraire, pour un voyage autour, comme au centre, de la Terre.

Il s'agit de la transcription de douze entretiens avec Claude Allègre, diffusés sur France Culture.

Émile NOËL

Photographie d'une éclipse de Soleil. Comme la plupart des objets célestes, la Lune et le Soleil sont sphériques. Il apparaît sur cette éclipse que la Lune et le Soleil ont le même diamètre apparent vu de la Terre : cette concordance est un accident de la Nature.

CHAPITRE 1

LA TERRE EST RONDE

ÉMILE NOËL Vous avez choisi, pour le premier sous-titre, « La Terre est ronde », titre d'une pièce d'Armand Salacrou. « La Terre est ronde » est un titre paradoxal car c'est aujourd'hui un truisme, et il semble bizarre de le présenter comme une information. Et pourtant... on n'a pas toujours su qu'elle était ronde : on a longtemps cru qu'elle était plate. La première question est : pourquoi est-elle ronde ? Pourquoi n'est-elle pas cubique ? Pourquoi n'a-t-elle pas une forme irrégulière, comme un vulgaire caillou ?

CLAUDE ALLÈGRE Une première constatation s'impose : toutes les planètes sont rondes ; une goutte d'eau est aussi plus ou moins ronde, plus ou moins sphérique ; si vous faites rouler de la pâte à modeler sur une table, aussi « aléatoirement » que possible, vous constatez que la pâte à modeler s'arrondit.
La sphéricité des corps célestes illustre une seule et même loi, la loi de la gravitation universelle de Newton. Est-il un plus bel exemple de la puissance unificatrice des lois physiques ? La somme de toutes les attractions mutuelles de tous les éléments de la Terre, ou de la goutte d'eau, correspond à une énergie et la configuration sphérique minimise cette énergie. Vous allez me dire mais, il y a pourtant des objets qui sont cubiques ou polyédriques ! Certes, mais c'est parce que la forme des objets naturels résulte d'un compromis entre la force de la gravité et la plus ou moins grande malléabilité des matériaux. Si tous les matériaux étaient aussi déformables qu'un fluide, ils seraient tous plus ou moins ronds.

ÉMILE NOËL Ça n'a pas de rapport avec le fait que la Terre tourne ?

CLAUDE ALLÈGRE Aucun rapport. Au contraire, la rotation de la Terre tend à déformer le globe terrestre, qui n'est en conséquence pas tout à fait rond. De plus la sphéricité de la Terre n'est, contrairement à une idée longtemps reçue, pas liée au fait que la Terre a été fondue : même si la Terre avait toujours été en fer ou en béton, extrêmement solide, elle serait quand même ronde ; les pressions dues aux forces de gravitation sont telles qu'elles déforment même le fer, même le béton. Contrairement à ce qu'on a longtemps pensé, la sphéricité de la Terre est à peu près indépendante de la manière dont elle a été créée. Pendant très longtemps, on a dit : la Terre est ronde donc elle a été fondue... Non. Les matériaux terrestres sont déformables, suffisamment pour que la Terre soit ronde. Le mot « déformation » est important : les matériaux terrestres sont soumis à des forces si considérables que, pour de telles forces, des matériaux apparemment aussi solides que le fer ou le béton, sont déformables.
Ce point est capital : tous les objets du cosmos supérieurs à une certaine taille, sont sphériques. En revanche, vous savez que l'exploration spatiale nous a appris que les satellites de Mars, par exemple Phobos et Déimos, ne sont pas ronds : ils sont trop petits, la gravité n'est pas suffisante pour déformer ces ensembles rocheux, et leur forme est irrégulière. On peut calculer la masse limite pour laquelle les forces de gravitation dépassent la rigidité des matériaux. Par rapport à cette masse, notre Lune est très grosse, donc elle est sphérique.

ÉMILE NOËL Il existe une masse minimale, supérieure à celle de Phobos, inférieure à celle de la Lune, au-delà de laquelle tout est sphérique.

CLAUDE ALLÈGRE Absolument. Nous voyons là une illustration d'une règle simple mais très générale : la masse des objets de l'Univers est une de leurs propriétés essentielles qui détermine leur structure et leur évolution. C'est le cas des planètes. C'est le cas des étoiles dans un contexte différent. La masse est ce qui différencie planètes et étoiles.

ÉMILE NOËL Cette sphéricité a un inconvénient majeur quand il faut représenter les phénomènes à la surface du globe : les cartes sont planes et la sphère est courbe !

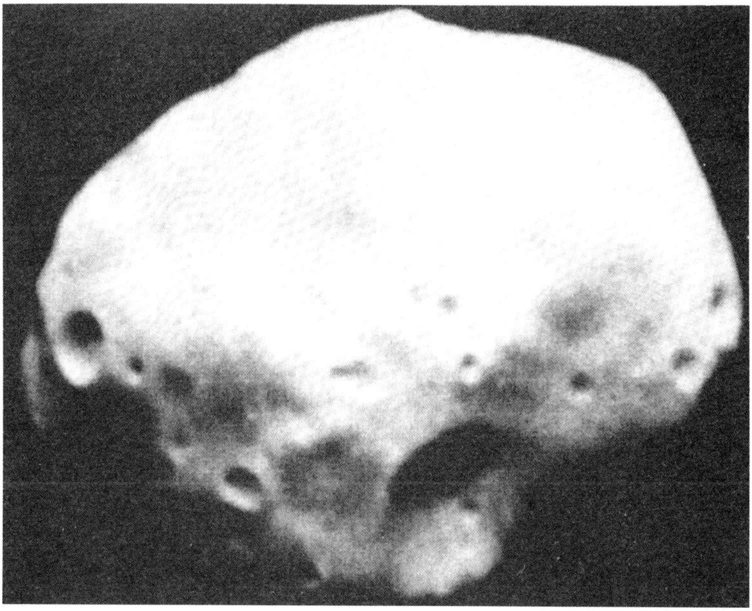

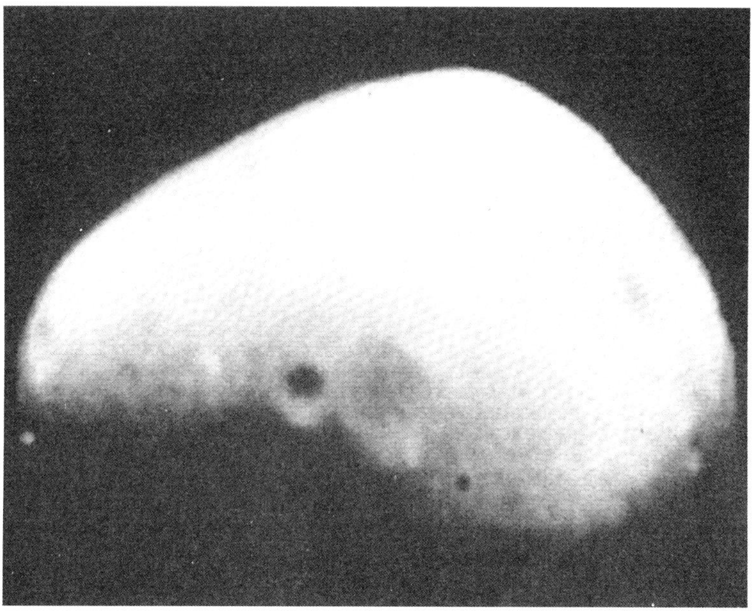

Phohos (en haut) et Déimos (en bas) sont deux satellites de Mars. Ce sont les rares corps célestes trop petits pour être sphériques.

CLAUDE ALLÈGRE La difficulté est de taille car le problème est... insoluble ! La discipline associée à la représentation de la Terre, la cartographie, n'est pas aux frontières actuelles de la science, car elle a été bien explorée, mais l'utilisateur doit avoir présent à l'esprit, quand il lit une carte, les limitations de la représentation. Les cartes sont la projection plane d'une sphère ; en mathématiques, on dit : « la sphère n'est pas une surface développable », par conséquent vous ne pouvez pas l'aplanir pour en faire, par projection, une carte plane. Donc, pour faire une carte, il faut déformer et savoir ce que vous voulez conserver dans cette déformation.
Certaines projections conservent les aires, d'autres conservent les angles, d'autres les distances dans un certain intervalle... Les cartographes ont fait preuve de créativité mais le problème fondamental subsiste et, quand on regarde une carte, il faut faire attention. Par exemple, quand vous regardez le grand bras de la Scandinavie, vous avez l'impression que sa surface est immense. Et puis sur une mappemonde, vous vous apercevez que la Scandinavie est à peine plus grande que Madagascar. C'est la déformation. Vous avez l'impression, de la même manière, que la Sibérie est une terre immense, et puis quand vous la mesurez sur un planisphère, vous dites : finalement, elle n'est pas si grande que cela.
L'autre problème est le centrage de la projection ; récemment, deux géographes ont fait un livre qui s'appelle « l'Atlas stratégique ». L'idée de base de ce livre est de centrer, autrement que d'habitude, les projections des cartes : les grands pays du monde par « anthropogéographisme » mettent toujours leur propre pays au centre de la projection. Sur nos cartes, l'Union Soviétique et les Etats-Unis sont aux deux bouts, mais, vue des Etats-Unis, l'Union Soviétique est contiguë par l'Alaska ; sur une projection polaire, c'est encore plus net : vous avez l'impression que c'est un pays qui se continue. Donc, les cartes posent un problème très important et je trouve qu'on a un peu trop vite abandonné, dans l'enseignement des sciences de la Terre, les problèmes de représentation cartographique.

ÉMILE NOËL La cartographie a aussi une certaine importance dans les transports aériens : on va plus vite au Japon en passant par le Pôle Nord qu'en tournant le long d'un parallèle.

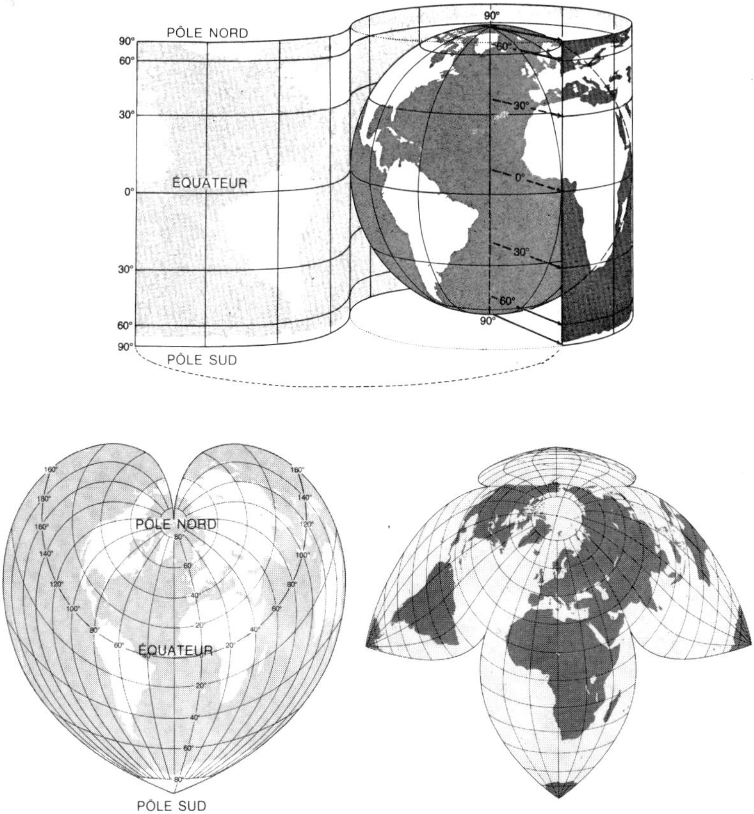

Différentes projections de la surface de la Terre sur un plan : *a*) projection de Mercator, *b*) projection cardiforme, *c*) projection quadrilobée.

CLAUDE ALLÈGRE Oui, mais revenons à la géologie. Nous examinerons, dans un prochain chapitre, la dérive des continents ; la reconstitution du passé cinématique de la Terre, l'étude des mouvements des continents, ou mieux celui des plaques qui les portent, se fait sur ordinateur car il faut, pour la comprendre, impérativement tenir compte de la sphéricité de la surface terrestre.

Les mouvements des plaques, ces morceaux de surface terrestre plus ou moins rigides, sont des rotations autour d'un pôle ; ce pôle est un point fixe, qui ne représente rien physiquement, mais qui constitue une référence. Lors des rotations des plaques autour de ce pôle de rotation, plus vous vous éloignez du pôle, plus l'amplitude des déplacements croît.

Donc, quand vous simulez la dérive des continents sur une sphère, vous devez savoir que la vitesse absolue de déplacement varie en fonction de la position géographique d'où vous faites l'observation. Là aussi il faut prendre garde.

ÉMILE NOËL Quittons la surface de la Terre pour explorer son intérieur. Est-ce que la Terre est ronde de la superficie jusqu'au centre ? En d'autres termes, est-ce qu'elle se présente comme une série de pelures d'oignon jusqu'au centre ?

CLAUDE ALLÈGRE La Terre a bien une structure en pelures d'oignon. Au centre de la Terre, il y a un noyau sphérique

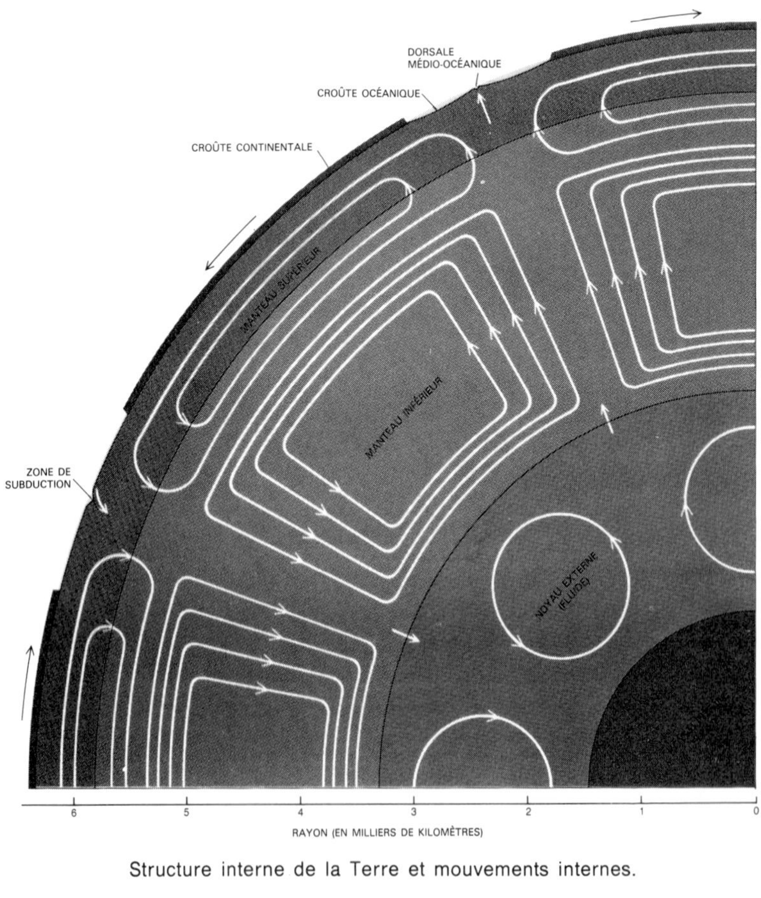

Structure interne de la Terre et mouvements internes.

qui est très dense, plus dense que tous les autres constituants du Globe terrestre. Autour du noyau, un manteau, lui aussi sphérique, a une composition différente. Le noyau est fait essentiellement de fer ; le manteau qui l'entoure est constitué de silicates. Puis il y a les enveloppes externes : une croûte très très mince, dont la composition n'est pas fondamentalement différente de celle du manteau mais dont les silicates sont un peu plus légers ; ensuite, à la surface de la Terre, une pellicule encore moins dense est constituée essentiellement d'eau : cette hydrosphère recouvre toute la surface de la Terre. Puis, autour de la Terre, il y a l'atmosphère, une couche dont la densité, extrêmement faible, diminue graduellement avec l'altitude. Ainsi, à mesure que l'on s'approche du centre de la Terre, la densité augmente.

ÉMILE NOËL Cela ressemble à une sédimentation !

CLAUDE ALLÈGRE C'est effectivement le résultat d'une sédimentation : les matériaux les plus denses sont au centre de la Terre et les plus légers sont à la surface. Une question se pose : comment sait-on cela ? Personne n'est allé au centre de la Terre ! Jules Verne n'allait pas au centre de la Terre : comme vous le savez, il se contentait de plonger en Islande et il ressortait en Italie ! Le plus profond forage plonge à une dizaine de kilomètres : les Russes ont battu le record du monde, ils s'enfoncent sous la presqu'île de Kola à 12,5 kilomètres.

ÉMILE NOËL Et quel est le rayon de la Terre ?

CLAUDE ALLÈGRE 6 400 kilomètres ! Aucun forage ne permettra jamais d'aller au centre de la Terre et on a dû explorer indirectement la structure du Globe, dont on connaît les grandes lignes depuis très longtemps, depuis au moins 150 ans. On avait noté, à cette époque, que le centre de la Terre était sûrement plus dense que la superficie. Comment ? En mesurant la déviation du fil à plomb au voisinage des montagnes. Cette déviation du fil à plomb, due aux montagnes, permet de comparer l'attraction qu'exercent les montagnes sur le fil à plomb, et l'attraction de la Terre.
Comme on connaît les distances respectives, on en déduit les forces et les densités : on s'est ainsi aperçu que les montagnes étaient beaucoup plus légères que les matériaux du centre de

la Terre. On a alors imaginé des choses extraordinaires : certains pensaient que le centre de la Terre était fait d'or ! Cette idée nous paraît extraordinaire aujourd'hui, mais l'or dense et rare avait toutes les propriétés requises. De plus cette croyance était sous-tendue par une idée philosophique selon laquelle tout ce qui est rare est caché. Et puis, autour des volcans, on avait trouvé, en particulier lors de la découverte du Nouveau Monde au Mexique ou en Amérique du Sud, des mines d'or : quand Dieu voulait bien nous envoyer vers la surface quelque produit miracle, il nous le donnait avec parcimonie.

ÉMILE NOËL Et puis l'or est un métal alchimique puisque c'est la transmutation du plomb.

CLAUDE ALLÈGRE Effectivement il y avait la fabuleuse connotation alchimique... En fait, on a mis longtemps à comprendre et à déterminer, par la sismologie, cette structure profonde de la Terre. Un tremblement de terre émet des ondes et les sismologues sondent la Terre comme les médecins analysent leur patient avec le scanner à ultrasons, c'est-à-dire qu'ils étudient comment ces ondes se propagent et déterminent, à partir des caractéristiques de la propagation, la nature des composants traversés.
On sait qu'à exactement 2 900 kilomètres de la surface, il y a le noyau (il a donc 3 400 kilomètres de rayon). Ce noyau a une densité très élevée, égale à 13, densité qui est celle du fer sous très haute pression. Pour identifier les composants du centre de la Terre, il fallait, en plus de la sismologie, simuler les conditions terrestres, donc expérimenter sous de très hautes pressions.
Ensuite les sismologues ont déterminé la structure du manteau, relativement simple, mais quand même sillonnée d'un certain nombre de ce qu'on appelle les « discontinuités sismiques » où la vitesse des ondes sismiques varie brutalement sur quelques kilomètres ; ces discontinuités ne correspondent pas à des changements chimiques mais à des changements minéralogiques : ce n'est pas la composition qui change, mais la structure de la matière. Et puis, vers la surface, les géologues ont caractérisé la croûte, qui est séparée du manteau par ce qu'on appelle « la discontinuité de Mohorovici », découverte par le Yougoslave Mohorovici au début du siècle.

« Je m'imaginais voyager à travers un diamant » (p. 108).

Illustration du « Voyage au centre de la Terre ».

La sismique c'est le scanner du géologue : un tremblement de terre est à la fois épouvantable – nous en reparlerons – mais aussi un extraordinaire émetteur d'ondes qui nous permet d'explorer l'intérieur de la Terre.

ÉMILE NOËL Revenons à la forme de la Terre. Ce n'est pas exactement une sphère : la Terre est aplatie aux deux pôles. Quelle est la cause de ce léger aplatissement ?

CLAUDE ALLÈGRE C'est la force centrifuge : la Terre est aplatie d'à peu près 1/300ème. Ce qui est amusant, c'est qu'avant que Newton ait calculé cette déformation grâce aux lois de la gravitation, et avant que le mathématicien français Clairaut ait calculé la forme de la Terre avec une précision extrême (sans calculatrice, ni ordinateur), les grands esprits pensaient, notamment Descartes, que la Terre était, au contraire, allongée en fuseau, le long des axes de rotation. La gravitation a donc amené un changement culturel.
Cette importance de la rotation terrestre se manifeste dans l'atmosphère, dont la circulation (les vents) est orchestrée par la rotation de la Terre ; nous le verrons lorsque nous traiterons du climat. La répartition des masses d'air dans l'atmosphère obéit à un certain nombre de grandes règles – de règles statistiques – mais qui sont influencées par la rotation. Une deuxième conséquence de la rotation terrestre a été découverte il y a très peu de temps, par un de mes collègues, Jean-Louis Le Mouël à l'Institut de Physique du Globe : la rotation joue un rôle éminent dans le noyau. Dans le noyau, liquide et métallique, la rotation de la Terre crée le champ magnétique terrestre dont la cause « profonde » fut longtemps une énigme. Ce champ magnétique terrestre a, à peu près, la symétrie de la rotation de la Terre, c'est-à-dire qu'il est orienté Nord-Sud. Vous savez qu'entre le pôle géographique et le pôle magnétique, la coïncidence n'est pas parfaite et, en gros, l'axe du champ magnétique tourne un petit peu autour de l'axe de rotation de la Terre. J.-L. Le Mouël a montré comment l'un gouvernait l'autre.

ÉMILE NOËL Quel est le rôle des satellites dans l'observation de la Terre ? En quoi leurs trajectoires prolongent-elles la rotondité de la Terre ?

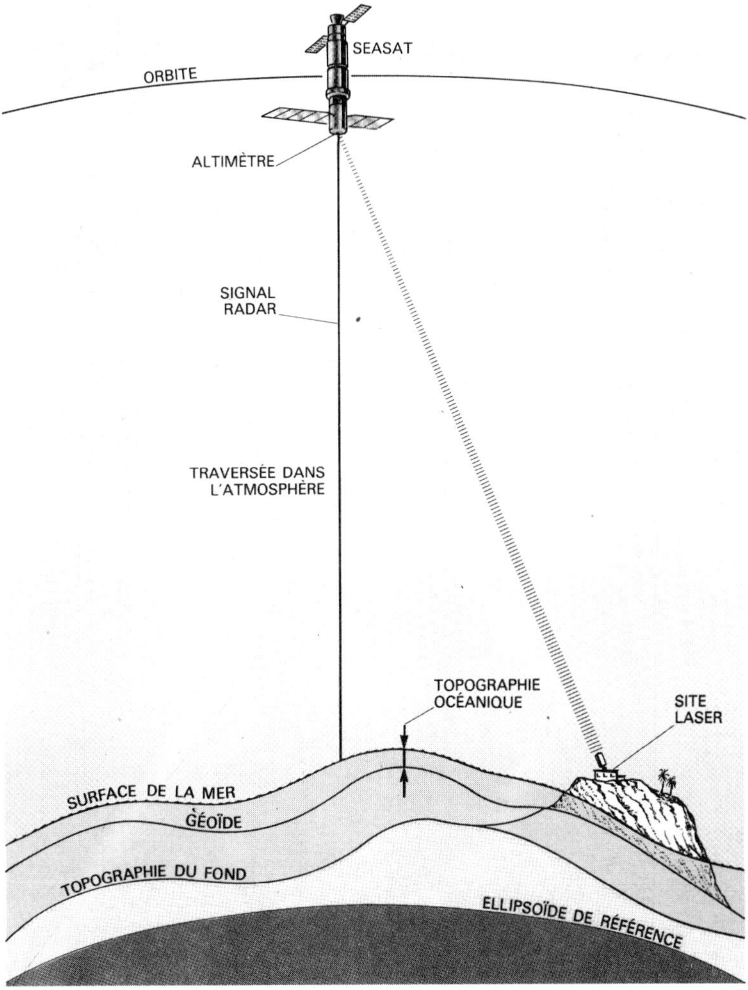

Mesure de l'altitude de la surface de la mer.

CLAUDE ALLÈGRE La Terre n'est pas tout à fait ronde, ni en surface, ni en profondeur. En première approximation, nous l'avons vu, la densité des matériaux terrestres décroît du centre vers la surface, mais si on affine les mesures, on s'aperçoit que ce n'est pas tout à fait vrai et qu'il existe des hétérogénéités dans la répartition des masses : les pelures d'oignon ne sont pas parfaites, ce sont des pelures d'oignon avec des défauts de répartition.

La bonne manière de mettre en évidence ces hétérogénéités de densité est de mesurer la déviation des satellites par rapport à une trajectoire elliptique idéale : on mesure très précisément ces déviations et on en déduit la répartition précise des masses. Par exemple, on s'est aperçu que la surface de la mer n'était pas un ellipsoïde parfait, mais qu'il existait des creux et des bosses avec des différences d'altitude de plus de 100 mètres entre la fosse au large de la Nouvelle Guinée et certaines zones du Pacifique à quelques milliers de kilomètres de là.

Pourquoi y a-t-il ces creux et ces bosses à la surface de la mer ? Parce que au-dessous de la mer, il y a le fond des océans et, sous les océans, une Terre interne où la densité n'est pas la même partout. Quand la densité est plus élevée, l'eau est attirée et il y a un trou ; quand les tréfonds de la Terre sont moins denses, l'eau est un peu moins attirée, et il y a une « bosse ».

ÉMILE NOËL Ces bosses et ces creux sont toujours situés aux mêmes endroits : ils ne se déplacent pas.

CLAUDE ALLÈGRE Ils sont tout à fait immobiles par rapport à la Terre. Alors, allez-vous me dire, comment pouvez-vous mesurer des différences de quelques centaines de mètres en présence de vagues, de tempêtes, etc...? En fait, de telles mesures sont un des grands succès de l'exploration spatiale : à l'aide de radars dont les ondes se réfléchissent sur la mer, on sait moyenner les hauteurs de la surface des océans et mesurer ces hauteurs moyennes à quelques dizaines de centimètres près ; on espère faire encore mieux dans les prochaines missions !

Ces différences de niveaux ne reflètent pas seulement ce qu'il y a juste au-dessous de la mer, mais aussi les grands mouvements à l'intérieur du Globe. Le manteau, nous l'avons vu, est fait de roches solides mais déformables et ces matériaux se déplacent : leurs mouvements sont extrêmement lents, de l'ordre du centimètre par an, mais ils suffisent pour induire des différences de densité, et ces différences de densité, on les repère par les perturbations des trajectoires des satellites.

Remontons maintenant à la surface : la Terre n'est pas exactement ronde et lisse puisqu'il y a les océans et les conti-

nents ; vous allez me dire : c'est évident, j'ai vu ça depuis que je suis petit. Cette observation est, en fait, beaucoup plus fondamentale : le point important est que la nature des océans et des continents est différente. Les continents sont beaucoup plus légers que le fond des océans, et nous verrons qu'ils ont une origine, une vie, un devenir totalement différents de ceux du fond des océans : la Terre a une géographie, une répartition en surface caractéristique et évolutive.
Résumons : grâce à cette révolution que constitue l'utilisation des gros ordinateurs en géophysique, on cartographie en trois dimensions l'intérieur du globe ; pour ce faire on utilise les données de la sismologie et de la trajectoire des satellites. De

Derrick de forage de la presqu'île de Kola (U.R.S.S.). Ce forage de 12 kilomètres est le plus profond du monde.

ces extraordinaires mesures on n'a pas encore recueilli tous les fruits théoriques mais nul doute n'existe : leur exploitation sera fertile.

ÉMILE NOËL Quelle est l'impact de la rotondité de la Terre sur l'atmosphère ?

CLAUDE ALLÈGRE Là encore, le fait que la Terre soit ronde a un double effet. Le premier est que le rayonnement solaire ne pénètre pas l'atmosphère sous un même angle au pôle et à l'équateur : l'épaisseur traversée par le rayonnement solaire est plus grande au pôle qu'à l'équateur ; par conséquent il existe, en fonction de la latitude, des zones de température à la surface du Globe : c'est un effet fondamental de la rotondité de la Terre et de sa rotation dans le cosmos.
Le second effet est que la circulation des vents et des océans résultent de cette répartition thermique fondamentale. Enfin, comme la Terre tourne, on décrit ses mouvements par rapport au référentiel tournant sur lequel nous sommes. Cette rotation induit la force centrifuge que tout le monde connaît, et une autre force beaucoup plus mystérieuse parce qu'elle est en fait une force fictive, mais pourtant déterminante pour la circulation de ces masses, la fameuse force de Coriolis ; celle-ci, qui s'annule à l'équateur, est de sens opposé dans l'hémisphère Nord et dans l'hémisphère Sud. La température d'une part, la répartition des températures de surface et les forces nées de la rotation de la Terre d'autre part, sont les paramètres essentiels qui régissent la répartition des fluides à la surface de la Terre.

CHAPITRE 2

LA TERRE EST VIEILLE

ÉMILE NOËL Ce titre est évocateur mais sa signification reste floue. Que signifie La Terre est vieille ? Elle est aussi vieille que quoi ? Que qui ? Ou plus vieille que ... ?

CLAUDE ALLÈGRE La Terre est vieille par rapport au référentiel habituel qu'utilise l'homme, qui est sa propre vie ou sa propre Histoire. La vie de l'homme se compte en dizaines d'années ; l'histoire de l'homme se compte en siècles, voire en millénaires. La Terre a 4 500 millions d'années, soit 4 500 milliers de millénaires ; ce chiffre explicite l'âge de la Terre par rapport à notre échelle de temps humaine.

ÉMILE NOËL Elle est quand même bien plus jeune que l'Univers !

CLAUDE ALLÈGRE L'âge de l'Univers est la deuxième référence, la référence supérieure. La Terre est plus jeune que l'Univers, mais pas tellement. L'Univers a environ 13 ou 15 milliards d'années, et la Terre s'est créée aux deux tiers de l'histoire de l'Univers, donc son âge est du même ordre de grandeur ; ce serait un adulte parmi des vieillards vénérables, témoins de l'âge de l'Univers. Dans l'histoire de l'espèce humaine et pas seulement dans l'histoire des hommes, la Terre est très vieille : alors que la Terre a 4,5 milliards d'années (4 500 millions d'années), l'Homme n'est apparu sur Terre qu'il y a trois millions d'années ; la Terre est ainsi plus vieille, beaucoup plus vieille que l'espèce humaine — plusieurs milliers de fois. C'est une des grandes conquêtes de la science moderne que d'avoir dissocié ce qui, dans l'esprit des Anciens, était complètement confondu : la naissance de l'Univers, la naissance de la Terre, la naissance de l'Homme.

Cette prise de conscience ne s'est pas faite sans déchirement ni sans difficultés. Il y a encore des débats terribles et périodiques sur l'âge de la Terre : pendant très longtemps l'Eglise, anglicane en particulier, a combattu pied à pied les théories scientifiques et maintenu dogmatiquement que la Terre ne pouvait avoir un âge aussi important. Un de ces combats douteux fit rage il y a trois ans dans l'Etat d'Arkansas aux Etats-Unis. Au cours d'un procès célèbre, une église protestante demandait à l'Etat d'Arkansas de laisser aux individus le libre choix de l'âge de la Terre : soit 4 milliards d'années, soit trois mille et quelques années, le dernier chiffre étant conforme à la Bible. L'argument est qu'on avait le « droit » de croire et d'enseigner ce qui était dans la Bible.

ÉMILE NOËL Avant l'existence il y a la Genèse : pour faire un enfant, il faut neuf mois, soit environ un centième de sa vie ; la Terre n'a pas été conçue d'un coup de baguette magique, il lui a fallu du temps.

CLAUDE ALLÈGRE La formation de la Terre a été relativement rapide. La durée de la formation de la Terre est du même ordre de grandeur que le temps qui nous sépare de l'origine de l'homme, quelques millions d'années, peut-être dix millions d'années – mais probablement pas beaucoup plus. La Terre s'est constituée assez rapidement, à peu près dix fois plus vite (relativement) qu'un homme, en même temps que toutes ses planètes sœurs et que le Soleil qui, ne l'oublions pas, contient 99,8 pour cent de la masse du Système solaire. Les planètes sont, autour de ce grand soleil, des résidus de la matière que le Soleil n'a pas englobés.
La Terre a le même âge que le Système solaire. Elle est, dans le Système solaire, à la fois banale et unique : c'est la seule planète qui contienne à la fois de l'eau, de l'air, et qui soit le siège de mouvements internes très importants. Mais sa caractéristique la plus originale est la présence de la vie : c'est la seule planète du Système solaire où la vie existe. L'existence de la vie est due à la composition de la Terre, à sa position dans le Système solaire, et peut-être aussi au hasard – nous en reparlerons.

ÉMILE NOËL Vous me racontez une belle histoire, mais je ne suis pas obligé de la croire – certains croient que c'est la

Bible qui a raison. La science doit expliquer par quelles méthodes elle est arrivée à ces conclusions : elle se doit d'être convaincante...

CLAUDE ALLÈGRE ... d'autant plus qu'à la fin du XIXe siècle, il n'y avait pas que la Bible qui disait que la Terre n'était pas si vieille, mais aussi le plus grand physicien de cette époque, Lord Kelvin. Kelvin, sur la base d'un calcul fondé sur le refroidissement d'une masse fondue, affirmait que la Terre ne pouvait pas être beaucoup plus vieille que

Les découvreurs de la Terre : *a*) Kelvin, *b*) Becquerel, *c*) Cuvier, *d*) Darwin.

quatre millions d'années. Un débat opposa, à l'époque, Kelvin et Charles Darwin, le père de la théorie de l'Evolution ; ce dernier fondait ses calculs sur la vitesse d'érosion des côtes de l'Ecosse et maintenait que les chiffres de Kelvin étaient erronés. Mais la lutte du naturaliste contre le physicien était celle du pot de terre (sic) et pourtant c'est le naturaliste qui avait raison, ce sont les physiciens eux-mêmes qui l'ont établi. La grande découverte explicatrice est apparue au Jardin des Plantes, où Becquerel a découvert la radioactivité.
La radioactivité est une horloge : les atomes des substances radioactives se désintègrent, immuablement, indépendamment des conditions extérieures, à un rythme fixe. Moins de quatre ans après la découverte de la radioactivité, Rutherford, le grand physicien anglais, un des héros de cette aventure, a remarqué que la désintégration radioactive constituait une horloge et, comme il existait des éléments radioactifs de très longue période, cette horloge pouvait mesurer la durée des phénomènes géologiques. En fait, dès 1906, on commença à évaluer l'âge géologique de la Terre par la radioactivité. Qu'est-ce que c'est, la radioactivité ? C'est simple : imaginez un sablier ; dans ce sablier, à partir d'un certain moment, le sable commence à passer de l'hémisphère supérieur à l'hémisphère inférieur. Supposez maintenant que le sable, qui passe

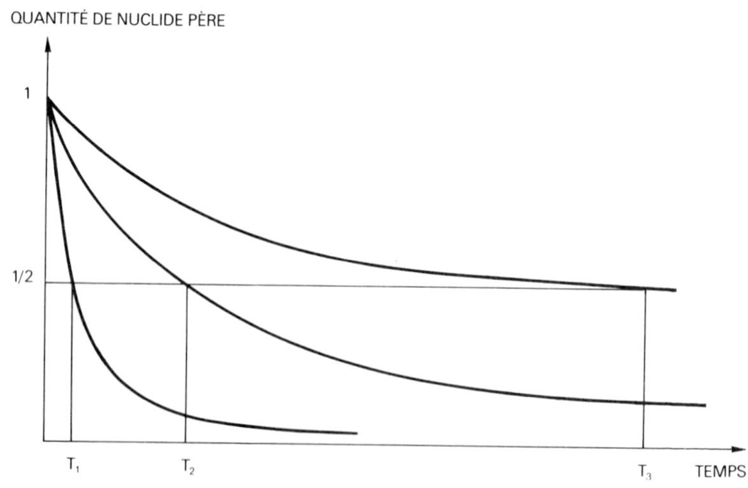

La période de désintégration radioactive est le temps qu'il faut à la moitié des nuclides pères pour donner des nuclides fils : on a représenté, ici, les périodes de trois nuclides.

dans le trou du sablier, change de couleur. Pour être plus exact il change de nature : il était du rubidium en haut, il devient du strontium en bas. Au bout d'un certain temps, si vous pesez la masse de sable qu'il y a en haut du sablier, et celle qu'il y a en bas, vous savez déterminer depuis combien de temps vous avez renversé le sablier. C'est comme cela qu'on estime l'âge de la Terre : on mesure les quantités d'isotopes radioactifs et, du rapport de ces quantités d'isotopes, on calcule le temps qui s'est écoulé. Sur ce principe de la datation radioactive, on date les roches, on date les météorites, c'est-à-dire les roches qui sont extérieures à la Terre et qui tombent sur la Terre ; on date les continents ; on date aussi des planètes entières par un calcul un peu plus compliqué.

ÉMILE NOËL Mais pour dater, il faut avoir le produit sous la main pour l'analyser. Or on sait, d'après le chapitre précédent, qu'on ne peut forer jusqu'au noyau de la Terre pour en extraire des échantillons. Donc, on ne peut pas analyser les composants du noyau !

CLAUDE ALLÈGRE Juste... mais on peut analyser tout le reste. Car, par une chance extraordinaire, le manteau est extrêmement brassé, et le volcanisme prenant sa source à près de deux ou trois cents kilomètres de profondeur, on peut échantillonner à peu près tout le manteau. Comme on connaît le manteau, comme on connaît la surface et comme on a des idées sur ce que doit être la totalité, on peut déduire assez bien la composition du noyau, par différence.

ÉMILE NOËL Nos connaissances reposent en partie sur des analyses et des mesures isotopiques, et en partie sur un raisonnement spéculatif.

CLAUDE ALLÈGRE Pas très spéculatif, mais plutôt déductif. Pas très spéculatif parce que, s'il n'existe pas de preuves absolues de ce que nous avançons, il existe un faisceau de présomptions, des tas de données indirectes. Par exemple on n'a pas une seule horloge radioactive, mais toute une panoplie. Quand on a commencé à dater à la fois des roches et des planètes, la grande question, était : si je prends deux horloges basées sur deux radioactivités différentes, est-ce que je vais obtenir le même âge ? Dans un certain nombre de cas,

les âges ne coïncidaient pas tout à fait. On a travaillé énormément et maintenant tout concorde assez bien, tout est cohérent. En fin de compte l'un des grands tests de la Science, n'est-ce pas la cohérence ?
D'autre part, les météorites, ces pierres qui nous viennent du ciel, qui sont des morceaux de protoplanètes éclatées, ont comme par miracle, le même âge que celui qu'on a déduit pour la Terre : 4,5 milliards d'années. Ces messagers du ciel qui nous viennent de la nuit des temps, c'est-à-dire de l'origine du Système solaire, qui n'ont pas été transformés, qui nous tombent sur la tête, ont l'âge de la Terre. Quel réconfort intellectuel ! Et puis on a été sur la Lune, on a ramassé des échantillons : là encore, sur un matériau très différent, on est retombé sur 4,5 milliards d'années. On a ainsi de très bonnes raisons de penser que cet âge est tout à fait fiable.

ÉMILE NOËL Ces méthodes donnent-elles aussi des indications sur les processus de formation de la Terre ?

CLAUDE ALLÈGRE Oui : la manière dont les isotopes radioactifs sont répartis dans la Terre permet de limiter très fortement l'éventail des possibilités de formation de notre planète. Ainsi, par exemple, les plus vieilles roches intactes que l'on trouve à la surface de la Terre ont 3,8 milliards d'années ; aucune roche à la surface de la Terre n'est plus vieille. Autrement dit, pendant un intervalle de temps d'environ un demi-milliard d'années, il n'y a plus de témoin : un processus a donc détruit les roches de cette période. Voilà une contrainte toute simple, qui nous indique qu'à cette période un processus très vigoureux détruisait les roches.
Revenons à la radioactivité : elle décroît avec le temps. Cette même radioactivité qui nous sert précisément à établir la chronologie de la Terre, est aussi une source d'énergie pour la Terre ; elle la chauffe, et c'est cet apport énergétique que Kelvin n'avait pas pris en compte. On en déduit qu'il y a 4,5 milliards d'années, la radioactivité était beaucoup plus forte et par conséquent, la Terre était beaucoup plus chaude. En confrontant ces deux informations vous en déduisez qu'à cette époque la Terre était beaucoup plus active et qu'elle détruisait effectivement les roches qui étaient à la surface en les réengloutissant dans le manteau ou en les réhomogénéisant totalement. C'est ce type de concordance qui transforme une spéculation en une déduction.

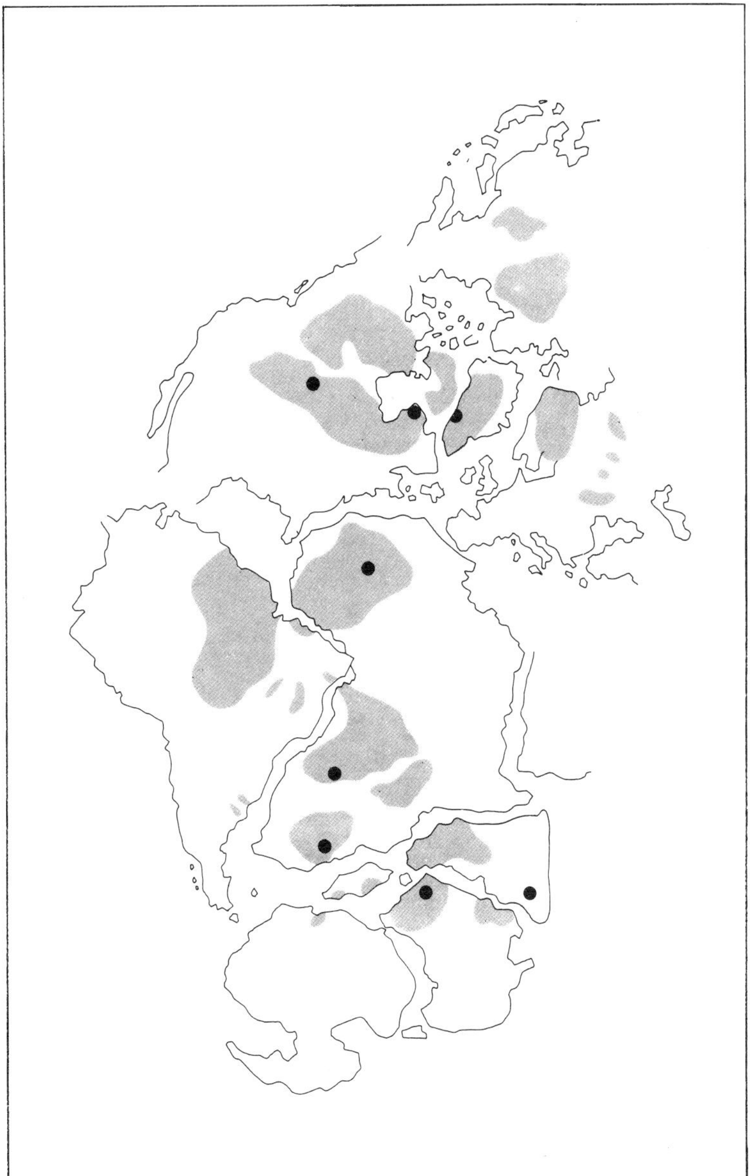

Sur ce globe terrestre reconstitué (la Pangée) on a représenté en gris les zones où il existe des roches vieilles de plus de 2,7 milliards d'années et par des points les zones où des roches ont plus de 3,5 milliards d'années.

ÉMILE NOËL Tout cela semble confirmer que la géologie est, certes une science pluridisciplinaire, qui questionne la physique, la chimie, etc., mais aussi, finalement, une science historique. Et une science difficile : en histoire « ordinaire », plus un événement est récent, plus on a de bonnes informations, et des détails ; au contraire plus on remonte dans le passé, plus on est dans le spéculatif. Or la géologie est une science historique qui s'intéresse à des périodes passées terriblement lointaines.

CLAUDE ALLÈGRE Vous avez raison, j'ai peu de chose à ajouter à ce que vous venez de dire, mais je vais un peu « complémenter ». Il est vrai que fondamentalement, la géologie est une science historique. Ce qui fait l'originalité de la géologie par rapport aux autres sciences, c'est précisément ce caractère de combinaison ; c'est à la fois une science de la nature et une science historique.
La géologie c'est réellement l'Histoire naturelle où les échelles de temps sont toujours considérables : pour éroder une montagne, il faut 40 millions d'années ! Pour fabriquer des continents, il a fallu 4 milliards d'années ! Un cycle complet du mouvement du plancher océanique dure 200 millions d'années ! L'Amérique s'éloigne de l'Europe à la vitesse de deux centimètres par an. Au contraire certains phénomènes sont très brefs ; un tremblement de terre : quelques secondes. Une éruption volcanique : quelques heures. Néanmoins, ces quelques secondes, ces quelques heures résultent de mouvements internes qui ont duré des millions d'années. Ce raccordement des temps est un des problèmes de la géologie et c'est aussi celui de l'Histoire. Finalement la comparaison avec l'Histoire est éclairante, parce que les historiens ont des livres mais ils ont aussi les pierres. Nous n'avons que les pierres : la géologie enseigne à lire les messages qu'il y a dans les pierres.

ÉMILE NOËL Dans un livre de pierre !

CLAUDE ALLÈGRE Dans des livres de pierre, et l'on peut pousser l'analogie très loin. Regardez une séquence sédimentaire et ses strates : vous pouvez les considérer comme des feuillets d'un grand livre dont vous ouvrez les feuilles avant de les lire une à une. Vous décodez ce qui y est inscrit comme dans un livre, ou comme un morceau de musique. Si vous

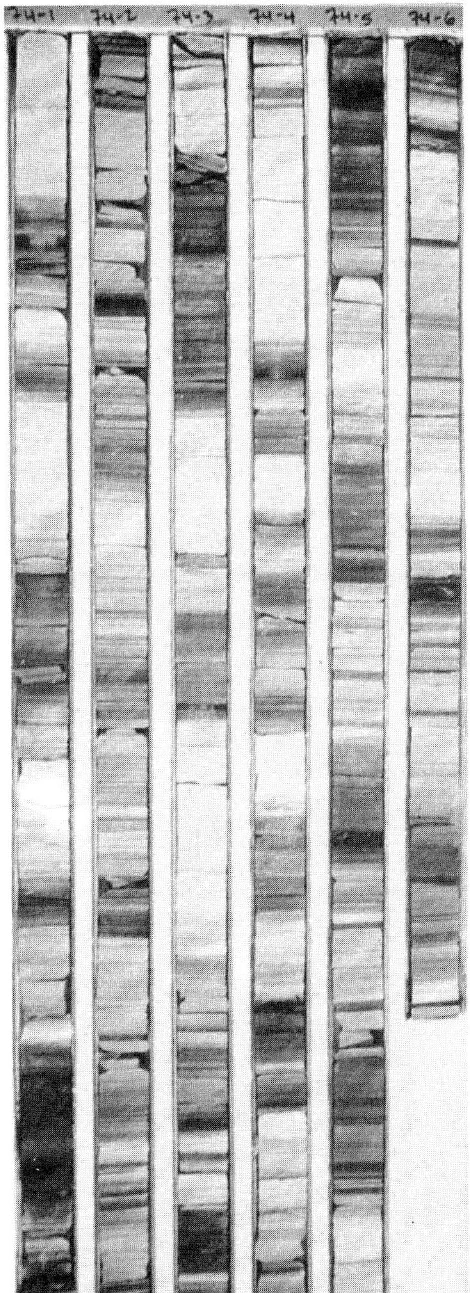

Séquence sédimentaire obtenue par carottage : cette séquence, où les alternances résultent probablement de variations climatiques, date du Crétacé.

regardez, vous pouvez voir que, comme dans une symphonie, vous avez des séquences, des répétitions, des rythmes, une roche rouge, par exemple, qui réapparaît toutes les cinq strates ! Les méthodes nucléaires et les méthodes dérivées de la radioactivité qui consistent à mesurer la composition isotopique des roches, sont un moyen d'investigation extrêmement puissant. Pourquoi ? Parce que les messages qu'ils contiennent ne sont pas effacés et sont assez simples. Finalement les meilleurs codes sont ceux où les signes sont relativement simples, mais c'est en multipliant la combinaison des signes que vous finissez par obtenir la complexité. Les codes qui ne sont pas très bons – par exemple nos langues où le code de départ est très compliqué – doivent être adaptés pour décrire la complexité des messages. Les spécialistes des télécommunications savent très bien que plus le code est simple, plus le code peut être combiné facilement, mieux on peut corriger les erreurs, etc.

Les techniques nucléaires sont les plus puissantes actuellement, mais avant d'avoir les méthodes nucléaires, la base du code du géologue, étaient les fossiles. De l'étude des fossiles, c'est-à-dire les restes d'êtres vivants, on déduisait des infor-

Strates géologiques du Grand Canyon qui s'étagent du pré-Cambrien (en bas) à l'époque actuelle (en haut).

mations sur les roches. Quand on trouvait des fossiles marins, on en déduisait que la mer recouvrait ces roches et leur environnement. Quand on avait des plantes, on en déduisait qu'on n'était pas loin du continent ; quand on voyait que ces plantes étaient du type tropical, on disait que le climat était tropical. Bref, on avait un message qui était dû aux fossiles.

ÉMILE NOËL Mais ces messages n'étaient jamais très anciens dans l'histoire du Globe terrestre car ils n'étaient évidemment jamais plus vieux que la vie.

CLAUDE ALLÈGRE En fait, nul fossile n'est vraiment plus ancien que les êtres organisés et la période ainsi examinée ne représentait qu'un cinquième de l'histoire de la Terre. De plus l'histoire des fossiles n'est inscrite que dans les roches sédimentaires, les seules roches qui peuvent les inclure, donc l'extension géographique de ces études est également très limitée. Prenons un autre point de vue : avant que Lavoisier n'invente les méthodes d'examen des fossiles – on croit souvent que le baron Georges Léopold Chrétien Frédéric Dagobert Cuvier en est l'inventeur mais c'est incomplet, les inventeurs sont

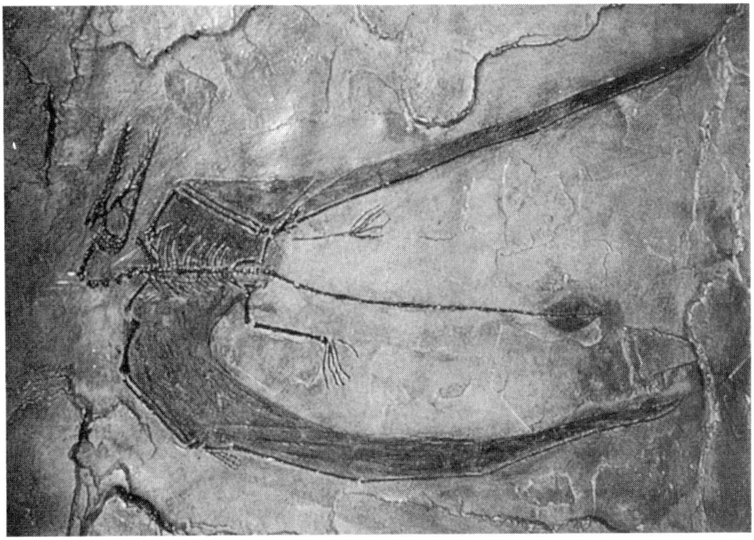

Fossile de Rhamphorhynchus, un des premiers reptiles volants qui vécut il y a 150 millions d'années.

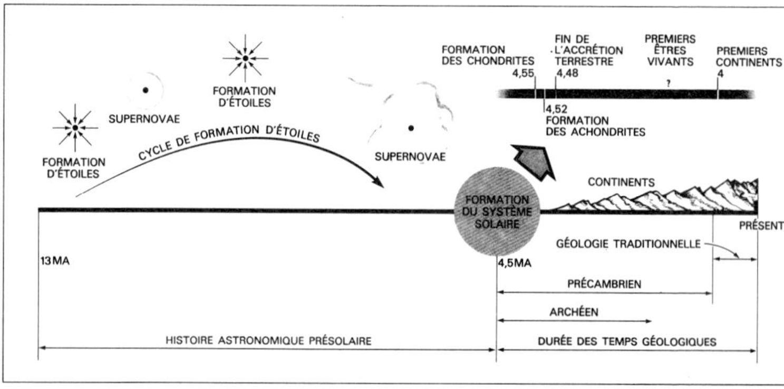

Histoire schématisée du système solaire.

aussi Lavoisier et Smith, en Angleterre – avant les fossiles, la seule technique géologique était la géométrie ; on regardait quel type de roche se déposait au-dessus d'une autre et était donc plus jeune, quelle roche en recoupait une autre et était plus jeune que celle qu'elle recoupait, etc. Avec simplement ces petits principes de géométrie, on décodait. Evidemment on ne pouvait aller très loin, parce que d'une région à l'autre on n'était pas capable de raccorder les informations.
Les fossiles ont été un grand progrès : ils permettaient en même temps de dater, et comment imaginer une science historique sans chronologie minutieuse ? Vous connaissez la chanson « Vercingétorix est né sous Louis Philippe ! ». Eh bien, si vous faites de la géologie sur la base d'anachronismes semblables, la cohérence est perdue. Donc la chronologie des fossiles a été une étape importante, et la chronologie radioactive en a été une autre.
Bien sûr, le géologue, comme tous les historiens, est myope et voit beaucoup mieux les périodes récentes que les périodes anciennes ; il voit très bien les 200 derniers millions d'années et, de manière plus floue, le passé plus lointain. Mais dans les dernières années, on a fait vraiment de gros progrès : on a trouvé des lunettes qui nous permettent de voir un peu plus loin dans le passé. Nous souffririons toujours des entraves inhérentes à la science historique, nous saurons toujours moins bien comment les Sumériens vivaient que comment agissaient les Français sous la IIIème République. En géolo-

gie, il y a quelques décennies, on ne savait quasiment rien sur les premiers temps de la Terre ; c'était de l'ordre du scénario poétique. Aujourd'hui la Science a posé des balises contraignantes qui réduisent le nombre des scénarios possibles et donc, nous le verrons, augmentent leur valeur de vérité.

Le deuxième point est que l'on a dépassé la Terre : on a exporté les méthodes de la géologie sur la Lune, sur Mars. Avec les méthodes de la géologie moderne, avec les méthodes nucléaires, on arrive à savoir quand la matière s'est formée, c'est-à-dire dans quel type d'étoile elle est apparue au moment du Big-Bang : donc on a étendu considérablement le champ de la géologie. La géologie, c'était un peu l'histoire des roches, l'histoire de la Terre ; maintenant c'est presque l'histoire de la matière ; depuis qu'elle s'est formée, la manière dont elle s'est agglomérée, la manière dont elle a donné la Terre, et sur la Terre – nous le verrons plus tard – la manière dont est apparue la vie, car si l'homme est apparu très tard, la vie est apparue très tôt. Cette remarque est un enseignement philosophique considérable : sur cette Terre naissante qu'on pensait inhospitalière la vie est apparue très vite, a balbutié pendant des milliards d'années avant d'arriver à fabriquer des êtres organisés, il y a 500 millions d'années,

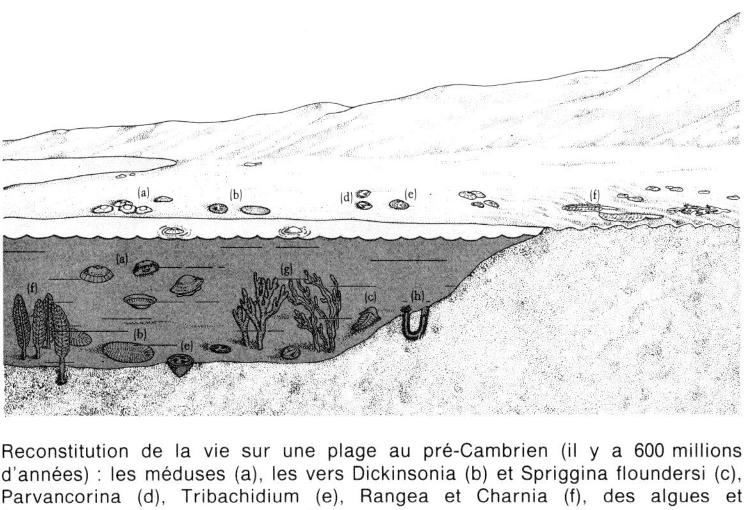

Reconstitution de la vie sur une plage au pré-Cambrien (il y a 600 millions d'années) : les méduses (a), les vers Dickinsonia (b) et Spriggina floundersi (c), Parvancorina (d), Tribachidium (e), Rangea et Charnia (f), des algues et éponges (g) et un ver fouisseur (h).

pour finalement élaborer cette espèce, qu'on dit supérieure, l'Homme, il y a 3 millions d'années. Voilà la grande perspective culturelle que nous ouvrent les sciences de la Terre.

ÉMILE NOËL La géologie a progressé parallèlement aux sciences d'observation ; il fut un temps où les sciences d'observation ont été considérées comme inférieures aux sciences expérimentales ; aujourd'hui la perspective bascule.

CLAUDE ALLÈGRE Fernand Braudel disait : « Moi, j'aimerais coloniser toutes les autres sciences humaines parce que, finalement, la science de synthèse, c'est l'histoire ». Moi, je ne veux rien coloniser du tout, mais il est clair que la perspective historique est une vision fondamentale des Sciences de l'Homme. Il en est de même pour les Sciences de la Nature, à la fois pour la matière inanimée et pour la matière animée. On a un peu oublié cette vision pendant un certain temps. Je crois qu'on est à même, aujourd'hui, de s'y repencher avec profit, tant pour les sciences de la vie que pour les sciences de la matière.

CHAPITRE 3

LA TERRE EST UNE USINE CHIMIQUE

ÉMILE NOËL Dans ce chapitre, nous allons examiner ce que la Terre fabrique et transforme, d'où son titre : « La Terre est une usine chimique ». Une usine chimique traite des matériaux élémentaires pour les « combiner » ou les raffiner... selon des procédés assez complexes. Appliquée à la Terre, la métaphore n'est-elle pas un peu osée ?

CLAUDE ALLÈGRE Cette métaphore correspond à une réalité. La Terre retraite en permanence des matériaux très divers : gaz, liquides, solides. La majeure partie des gaz est dans l'atmosphère, mais une proportion est dissoute dans les matériaux : quand un volcan entre en éruption, des gaz s'en échappent. Les liquides, surtout de l'eau, sont à la surface du Globe, mais d'autres composants de l'intérieur du Globe sont liquides : par exemple, pour évoquer à nouveau les volcans, le magma est liquide. Enfin, la majeure part des matériaux est solide, sous forme de roches.

Qu'est-ce qu'une roche ? Une roche est un assemblage, une société de minéraux. Je dis à dessein une société de minéraux : ce n'est pas un mélange quelconque et aléatoire. Dans un même type de roche les mêmes minéraux sont associés. Le feldspath et le pyroxène sont associés dans le basalte, le quartz et le feldspath constituent le granite, etc. Ces familles de minéraux constituent les roches terrestres. La grande question est : « Ces roches ont-elles résidé au même endroit depuis l'origine des temps ? Sont-elles immobiles et immuables ? Ou bien ont-elles été régénérées tout le long de l'histoire de la Terre ? » La réponse à cette dernière question est « oui » : les matériaux constituant les roches sont en perpétuel devenir ; c'est en cela que « la Terre est une usine chimique ».

La Terre fabrique constamment des matériaux : après une éruption volcanique, la lave éjectée se solidifie et vous avez une roche volcanique. Avant hier, il y a eu une éruption, à la Réunion ou à Hawaii, et la Terre a fabriqué de nouveaux matériaux. Le long des grandes dorsales océaniques qui coupent les océans, la Terre fabrique continuellement le plancher océanique. Citons un troisième exemple de fabrication : après que des sédiments se déposent au fond de la mer, ces sédiments s'enfoncent dans le fond de la mer ; sous l'effet de la

Élément	**Masse atomique**	**Concentration**
Hydrogène	1	266 000 000
Hélium	4	18 000 000
Oxygène	16	184 000
Carbone	12	111 000
Néon	20	26 000
Azote	14	23 100
Magnésium	24	10 600
Silicium	28	10 000
Fer	56	9 000
Soufre	32	5 000
Argon	40	1 100
Aluminium	27	850
Calcium	40	625
Sodium	23	600
Nickel	59	478
Chrome	52	127
Manganèse	55	93
Phosphore	31	65
Chlore	35	47
Potassium	39	35
Titane	48	24
Cobalt	59	22
Fluor	19	8

Concentrations relatives des principaux éléments dans l'Univers. Ces concentrations sont mesurées par rapport au silicium, dont la concentration est arbitrairement fixée à 10 000.

pression, ils perdent leur eau, se déshydratent, se compactent et donnent une espèce de ciment qui est une roche sédimentaire. Là encore la Terre fabrique de nouveaux matériaux, et ce depuis 4,5 milliards d'années !

ÉMILE NOËL Dans le chapitre précédent, nous avons examiné l'âge de la Terre et son histoire ; ces transformations, qui constituent des cures de rajeunissement perpétuelles, ne compliquent-elles pas ces études ?

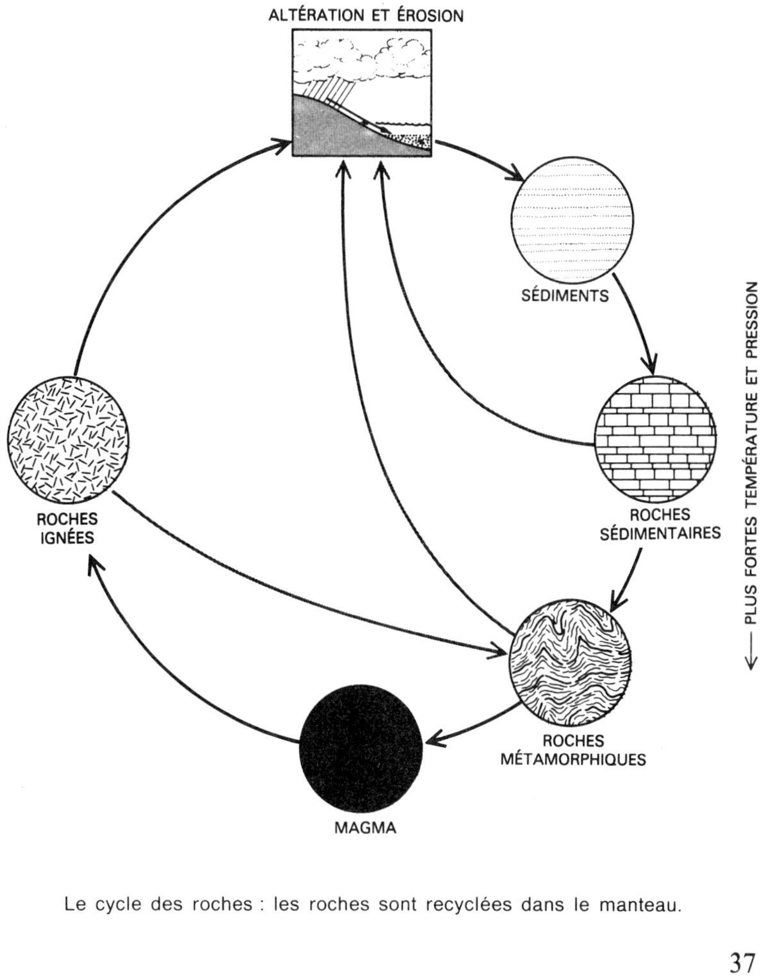

Le cycle des roches : les roches sont recyclées dans le manteau.

CLAUDE ALLÈGRE C'est toute la beauté du sujet ! Lors de leur transformation, une partie des matériaux est détruite, et une petite partie est conservée à travers le temps, ce qui a pour conséquence, par exemple, que quelques roches ont 3,8 milliards d'années. Elles ont été conservées jusqu'à nous. Elles sont intactes, elles se trouvent au Groenland, dans la partie Ouest du Groenland, dans une ville qui s'appelle Godthaab et puis il y en a peut-être un petit morceau en Australie également. Il y a un peu plus de roches qui ont 3 milliards d'années et puis il y a des roches qui ont 2 milliards d'années dans toute l'Afrique centrale, dans le bouclier du Hoggar. Ces roches ont été préservées.
Comment les roches sont-elles détruites ? Tout d'abord par l'érosion, tout le monde le sait : à la surface de la Terre, l'eau, qui est un agent corrosif fabuleux, dissout un certain nombre d'éléments, désagrège les roches et puis ensuite les transporte, soit chimiquement, soit mécaniquement. Donc voilà une première manière de détruire les roches. Les roches peuvent être détruites d'une seconde manière, par engloutissement dans les profondeurs terrestres où elles se réhomogénéisent avec l'intérieur du manteau et acquièrent une nouvelle jeunesse : elles y sont rajeunies ou, plus précisément, remélangées.
Ainsi le long des grandes fosses océaniques, par exemple celles qui bordent le Pacifique, le plancher du fond des océans s'enfonce dans le manteau – on verra ce phénomène lorsqu'on traitera de la dérive des continents – et ce plancher, comme un tapis roulant très lent, entraîne les sédiments qui sont sur son dos et les engloutit. Nous avons une fabrication de matériaux, une destruction de matériaux et un transport de matériaux, trois caractéristiques d'une usine chimique où des réactifs sont transportés dans des tuyaux, réagissent dans des récipients chauffés et/ou sous pression, pour donner de nouveaux matériaux.
Ce qui est intéressant, dans cette usine chimique Terre, c'est que certains processus chimiques s'effectuent à basse température en surface (dans l'eau), d'autres se font à haute température, d'autres exigent de très hautes pressions et ont lieu à l'intérieur du Globe : la diversité des conditions physicochimiques est absolument exceptionnelle. Aucune autre science, à part l'astrophysique, ne s'intéresse à des conditions chimiques aussi variées. Le deuxième point est que la nature

de ces réactions chimiques a varié au cours du temps puisque les conditions de la Terre se sont modifiées. Donc là aussi, on a une évolution. Et enfin, troisième point, nombre de ces processus se sont superposés et le géologue tente de reconstituer comment ils se sont superposés.
D'autres scientifiques étudient des problèmes analogues, par exemple celui des populations animales ou humaines. Vous avez, dans un endroit, une population qui s'isole et donc qui se différencie des autres ; elle développe une originalité. Voilà un signe très caractéristique. Ensuite, elle se mélange et elle détruit son originalité. Toute l'évolution des populations, c'est cette différenciation, cette autonomisation et ce mélange. Pour la Terre, c'est la même chose : un processus fabrique tel type de matériaux puis ce matériau est érodé et il est ensuite mélangé dans l'océan avec un autre matériau ; comme dans les populations vous arrivez à trouver des filiations. La

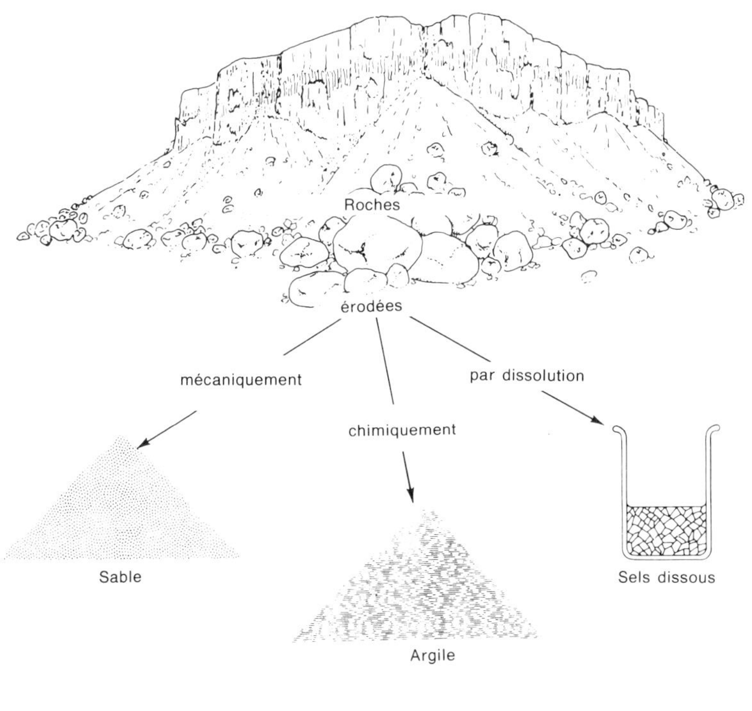

Les processus physiques et chimiques de l'érosion.

grosse difficulté, mais le gros intérêt intellectuel de la géologie, c'est de retrouver un « chemin » à travers ces processus très complexes.

ÉMILE NOËL Une des difficultés n'est-elle pas liée au nombre des matériaux qui sont mis en présence, parce qu'on peut présumer qu'il y existe une grande diversité de matériaux sur et dans la Terre ? Certains matériaux sont très répandus ou très importants ; d'autres très rares et très importants ; d'autres très répandus et pas importants, etc..

CLAUDE ALLÈGRE L'importance et la fréquence des matériaux sont des paramètres intéressants. Examinons le problème : il existe 90 éléments dans le tableau de Mendeleieff. On pourrait penser que, pour fabriquer des minéraux, il serait possible de les combiner 2 à 2, 3 à 3, 4 à 4, etc. et qu'il existerait des milliards de milliards de matériaux : il serait alors impossible de les connaître tous. En fait, il n'en est pas ainsi : il n'existe que quelques centaines de minéraux utiles, et le nombre des matériaux existants n'atteint pas mille.
Deux règles réduisent le nombre de combinaisons existantes. La première c'est que l'abondance des éléments eux-mêmes n'est pas uniforme : les éléments légers sont beaucoup plus abondants que les éléments lourds. Cette disparité est due au fait que dans les étoiles, les éléments légers sont fabriqués en premier, et en plus grande quantité, que les éléments lourds qui sont plus compliqués. Douze éléments, très abondants, constituent l'essentiel de la Terre : l'oxygène, le silicium, le fer, le magnésium, le nickel, l'aluminium, le soufre, le potassium, le sodium, l'azote, le carbone, l'hydrogène.
La seconde règle, c'est qu'ils ne se combinent pas n'importe comment : il existe des règles de combinaisons, des affinités. Voilà comment est fabriquée la Terre. Dans une version ultra simplifiée, l'atmosphère comprend simplement de l'azote et de l'oxygène, les océans, de l'eau : océan, glacier, c'est la molécule H_2O ; ensuite, nous abordons le domaine des silicates : les silicates sont composés d'oxygène et de silicium, plus quelques éléments. Ces éléments sont, soit des éléments comme le magnésium, petits, et donc donnant des structures compactes, les silicates qui constituent la structure du manteau, soit de gros éléments qui ne favorisent pas les structures

compactes et qui donnent des structures lâches, le potassium et le calcium : ces silicates forment la croûte terrestre. Enfin, dans le centre de la Terre, le noyau est constitué de fer avec un petit peu de nickel. C'est un alliage fer/nickel.

ÉMILE NOËL Dans cette version simplifiée, la Terre est constituée de ces douze éléments qui entrent dans des combinaisons relativement simples.

CLAUDE ALLÈGRE Cela étant, il existe d'autres éléments, des éléments mineurs qui sont bien moins abondants. On mesure leur concentration en une unité, le gramme/tonne. En langage scientifique on dit partie par million (ce qui signifie la même chose) et p.p.m en jargon de métier ; et puis il y a ceux qui sont encore moins abondants, on dit p.p.b. cela veut dire partie par billion (c'est-à-dire par milliard).
L'étude de ces éléments très peu abondants a deux intérêts. Le premier est de nature scientifique : l'étude de leur répartition et de leur comportement, aide à comprendre les processus géologiques de la planète ; comme ils ne sont pas les éléments actifs de la vie de la planète, ils sont des traceurs inactifs, des espions en quelque sorte, et leur comportement dans les grands processus géochimiques de la planète permet d'étudier ces processus.
Et puis ils ont un deuxième intérêt, un intérêt économique : ce sont souvent des éléments qui sont extrêmement utiles. C'est le cas de l'or, de l'uranium, du platine, du cuivre ; tous ces éléments, qui sont des éléments mineurs, sont utilisés pour leurs qualités très particulières. Alors qu'ils sont en moyenne dispersés dans la Terre, à des concentrations de l'ordre du p.p.m., ils sont localement plus concentrés dans ce qui s'appelle des mines d'où on les extrait. Cela montre bien que la Terre est une extraordinaire usine chimique. Elle sait trier, réparer, et aussi concentrer : elle sait fabriquer des minerais d'or, des pépites d'or dans lesquelles l'or est concentré. C'est une chimie extraordinaire.

ÉMILE NOËL La dispersion ou la concentration des minerais est-elle due au hasard, ou existe-t-il des explications à caractère physique ou chimique qui nous indiquent où chercher les minerais ?

CLAUDE ALLÈGRE Comme vous vous en doutez, il y a des explications ; la grande logique c'est que les propriétés géochimiques (géo : la Terre, géochimique : la chimie de la Terre) des éléments reflètent la structure atomique de ces éléments. Chaque élément a un atome caractéristique ; cet atome a des caractéristiques et c'est en étudiant ses propriétés chimiques qu'on comprend comment les éléments se sont répartis. De véritables familles, des tribus d'éléments, sont regroupés dans la Terre, par exemple les éléments alcalins sont concentrés dans les granits, les éléments halogènes sont concentrés dans l'eau de mer et les structures associées. On connaît assez bien la sociologie des atomes.

ÉMILE NOËL Il y a une corrélation – et peut-être plus – entre la structure atomique et l'abondance locale de ces matériaux c'est-à-dire leur répartition. Certains corps chimiques sont globalement dispersés, mais concentrés dans certains endroits ; et c'est leur structure atomique qui va déterminer ces rapports et ces positions.

CLAUDE ALLÈGRE Prenons l'histoire des éléments. Les éléments sont fabriqués dans l'Univers, les premiers d'entre eux, les plus simples comme l'hydrogène ou l'hélium, au cours du Big-Bang ; les autres ont été synthétisés dans les étoiles qui sont de fantastiques usines à fabriquer des éléments. Ils sont fabriqués dans diverses étoiles, certaines étoiles en fabriquant un peu plus de l'un ou un peu plus de l'autre, puis ils ont été mélangés. Donc il faut savoir que tous les éléments terrestres ont été fabriqués avant que le Soleil ne naisse ; ils sont antérieurs au Soleil.

Tous les éléments que nous avons dans notre corps sont beaucoup plus vieux que le Soleil : certains ont 10 milliards d'années, d'autres 13 milliards d'années ; avant de former la Terre, il y avait un certain nombre d'éléments dont l'abondance était déterminée par le processus de création stellaire. La formation de la Terre elle-même a avantagé certains de ces éléments, et désavantagé d'autres. On dit en langage scientifique, que la Terre est appauvrie en éléments volatils, parce que les éléments les plus susceptibles d'entrer dans une phase vapeur ne se sont pas incorporés dans la Terre. La raison n'en est pas très bien comprise d'ailleurs, mais enfin on sait très bien que, par rapport au Soleil qui est une très bonne référence, la Terre est appauvrie en éléments volatils ;

Un orpailleur au travail.

ainsi, lors de la formation de la Terre, il y a eu fractionnement chimique.
Une fois dans la Terre, ces éléments se sont répartis. Une première fois, au moment où la Terre a acquis son architecture générale. Par exemple, les éléments qui aiment s'associer au fer et que l'on appelle pour cela sidérophiles – c'est le cas du platine, c'est le cas du rhénium, de l'osmium, c'est le cas du tungstène – sont partis au centre de la Terre avec le fer. Les éléments qui aiment les silicates, et qu'on appelle pour cette raison les lithophiles, sont restés à l'extérieur, dans le manteau et la croûte. C'est le cas du sodium, c'est le cas du potassium, du rubidium, etc. Ceux qui aiment l'eau, qui sont solubles, qu'on appelle donc les hydrophiles, sont restés en solution dans l'océan. Et puis ceux qui sont atmophiles comme les gaz rares, le xénon, l'argon, etc., sont dans l'atmosphère. Donc il y a eu une première répartition. Cette répartition n'est pas statique, c'est-à-dire qu'il y a des mouvements, des transferts de matière ; le volcanisme transfère de la matière de l'intérieur de la Terre vers l'extérieur ; les enfoncements du plancher océanique font l'inverse ; il y a l'érosion qui transporte du matériel depuis les montagnes jusqu'au fond de l'océan.
Au cours de ces modifications, il y a parfois de petits accidents locaux. On pourrait croire que, dans cette grande dispersion, plus le mélange se poursuit, plus les éléments se dispersent et le résultat serait alors atroce car tout à fait aléatoire. Telle n'est pas la règle : de temps en temps, localement, les éléments se concentrent au lieu de se disperser et vous avez des gisements minéraux. Evidemment l'intérêt économique est considérable, mais l'intérêt scientifique – comprendre pourquoi ces éléments se séparent des autres et vont constituer une mine – n'est pas moindre.

ÉMILE NOËL Fabriquer des noyaux lourds est plus compliqué que de fabriquer des noyaux légers, mais certains noyaux lourds sont plus abondants que d'autres : il y a beaucoup de fer sur la Terre, et il n'y a pas beaucoup d'or, par exemple. Ce sont deux noyaux lourds. Evidemment, il y a une différence entre eux.

CLAUDE ALLÈGRE Le fer est un cas particulier ; il est beaucoup plus abondant qu'il ne devrait l'être. Cette anomalie

relève de l'astrophysique : les raisons n'en sont pas terrestres, mais préterrestres.
La facilité qu'ont certains éléments de se concentrer entraîne, d'une certaine manière, les problèmes économiques. Lorsqu'un élément est abondant et rare, il est moins utilisé sauf si le processus s'inverse, c'est-à-dire si l'on découvre brutalement que cet élément, qui n'est pas très abondant, a des propriétés tellement extraordinaires qu'il faut l'extraire ; alors la géologie entre en jeu. Par exemple, l'or. Pourquoi l'homme aime-t-il l'or ? Parce que l'or ne réagit pas avec les agents habituels, en particulier l'oxygène, donc il ne s'oxyde pas, il ne s'altère pas, il reste toujours brillant et toujours neutre. Mais alors, l'or ne réagissant pas, il est difficile de comprendre comment il peut se concentrer puisque, normalement, il n'existe que très peu d'éléments avec lesquels il s'associe.

ÉMILE NOËL L'or ne s'altère pas, et en plus, il est rare et difficilement repérable.

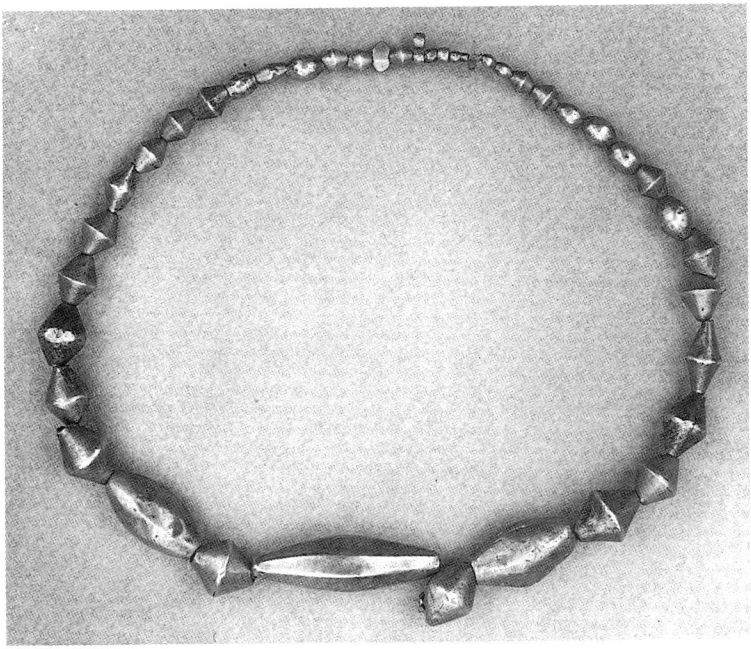

Le plus ancien bijou d'or façonné il y a 4 000 ans par l'Homme à Biblos.

CLAUDE ALLÈGRE L'or ne s'altère pas et il est difficilement repérable, pour la même raison : parce qu'il n'est pas réactif, il ne se concentre pas très bien, mais il se concentre quand même ; il se concentre mieux par exemple qu'un élément, comme le gallium, qui ne se concentre pas du tout et qui, pourtant, est utile pour fabriquer des tubes de télévision. Je crois que la vision que la Terre est une grande usine chimique, avec beaucoup d'éléments qui se transportent, qui se transforment est un vision fondamentale qui s'impose de plus en plus à mesure qu'on progresse dans la connaissance de notre planète.

ÉMILE NOËL On trouve de tout dans la Terre !

CLAUDE ALLÈGRE On trouve tout dans la Terre, mais pas n'importe où et pas à n'importe quel prix !

CHAPITRE 4

LES MOUVEMENTS DE LA TERRE

ÉMILE NOËL Il est des mouvements à l'intérieur de la Terre, et des mouvements à la surface de la Terre. Sans doute y a-t-il des rapports ou des corrélations entre eux (lorsqu'on éternue, c'est parce qu'on a attrapé froid et qu'il se passe des choses à l'intérieur). Je présume qu'il est plus juste de s'intéresser aux mouvements à l'intérieur même de la Terre avant de s'occuper des mouvements en surface.

CLAUDE ALLÈGRE On peut assez arbitrairement commencer par l'un ou par l'autre. Cela dépend si l'on veut regarder les phénomènes de l'intérieur vers l'extérieur ou vice-versa.

ÉMILE NOËL Un phénomène est très intéressant : c'est la dérive des continents. Ces dérives sont des mouvements de surface dus à des phénomènes en profondeur.

CLAUDE ALLÈGRE Effectivement les mouvements des continents sont la manifestation en surface de mouvements qui mettent en jeu l'ensemble – ou presque – de l'intérieur du manteau. Et les mouvements que nous « observons », je mets observons entre guillements, plus exactement que nous reconstituons à la surface du Globe, ne sont que la conséquence de ces mouvements internes.
La dérive des continents, comme vous le savez, est une théorie qui est à la fois très ancienne et très nouvelle. Elle est très ancienne parce qu'elle avait été proposée en 1910 par un météorologue, Alfred Wegener ; totalement abandonnée après des attaques multiples de la communauté géologique, elle a resurgi il y a environ 20 ans. C'est donc une ancienne théorie revisitée.

ÉMILE NOËL Il est probable qu'elle a réapparu sous des formes tout de même un peu différentes !

CLAUDE ALLÈGRE Pas tellement différentes, mais incrémentées par rapport à la théorie première de Wegener. En fait, entre l'abandon de la théorie de Wegener et les années 1960 où elle est réapparue, dans ces 40 ans, il s'était développé des versions nouvelles – par exemple la version de l'Ecossais, Holmes, aux environs de 1940 – peu différentes de la synthèse

Wegener (1880-1930), l'inventeur de la dérive des continents.

proposée vers les années 1960. Le changement a plus porté sur les preuves que sur les mécanismes. Wegener avait trouvé des preuves géométriques – les côtes de l'Amérique du Sud et les côtes de l'Afrique s'emboîtent – puis des preuves paléontologiques – les restes d'animaux fossiles qu'on trouve dans des régions de part et d'autre, par exemple, de l'Atlantique Sud, faisaient de ces régions une province – si on refermait l'Atlantique, les fossiles correspondaient bien ; si on les laissait de part et d'autre, on ne comprenait pas très bien

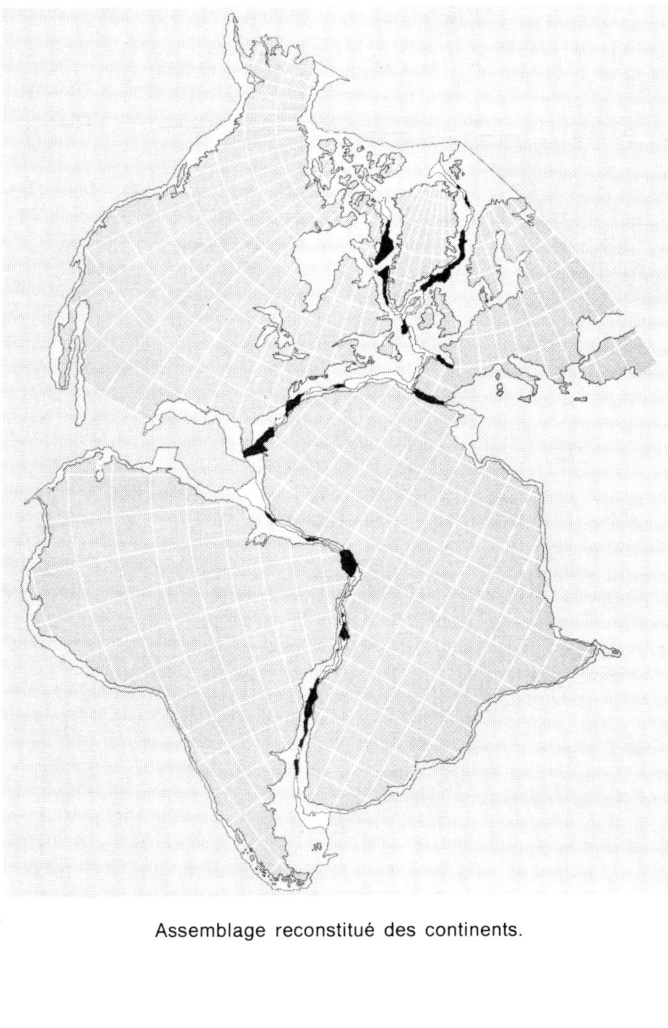

Assemblage reconstitué des continents.

comment des bêtes terrestres avaient pu traverser un océan. Et puis, Wegener avait trouvé des preuves climatiques. Par exemple, lorsqu'on réassemble les continents de l'hémisphère Sud, on reconstitue, au Carbonifère et au Permien, c'est-à-dire il y a entre 320 et 220 millions d'années, une calotte polaire avec les témoins correspondants, c'est-à-dire des galets striés, etc. Si les continents avaient été immobiles dans leur position actuelle, cette calotte polaire aurait eu des dimensions extraordinaires et une géométrie tout à fait fantaisiste. Donc Wegener a utilisé des arguments paléontologiques, paléoclimatiques et géométriques. Un point est important : Wegener a démontré la dérive des continents à partir d'observations sur les continents.

La révolution qui a eu lieu dans les années 1960 a été la découverte, sur le fond des océans, de preuves géophysiques. Les anomalies magnétiques des océans sont symétriques par rapport aux grandes structures qu'on appelle les dorsales océaniques.

Dans les années 1960, on a démontré, non pas la dérive des continents, mais l'expansion des fonds océaniques : non pas à partir des continents, mais à partir, au contraire, des océans. On a montré comment les océans se formaient : d'abord, par une espèce de déchirement de la croûte, la dorsale naît, puis, ensuite, par un écartement des bords où des matériaux issus de l'intérieur du Globe, les laves, s'étendent comme un tapis roulant de part et d'autre de la dorsale. Or le champ magnétique terrestre a changé de sens au cours des temps géologiques et la direction de ce champ s'est inscrite dans les laves. En effet, lors d'une éruption volcanique, une lave se répand : quand elle se refroidit et se solidifie, elle enregistre le champ magnétique du moment ; les laves sont ainsi des petits aimants fossiles. Donc chaque fois que vous mesurez le champ magnétique au-dessus d'une lave volcanique, vous avez une double composante ! La composante du champ actuel, naturellement et puis le champ fossile, le petit aimant qui a été enregistré. Si vous soustrayez le champ actuel, vous pouvez calculer le résidu, le petit champ dû à la lave. Or ce champ a changé de sens au cours des temps. Donc le champ résiduel – l'anomalie magnétique, comme on dit – est tantôt positif, tantôt négatif. Dans les laves on pouvait lire ce message : plus, moins, plus, plus, moins, comme une sorte de Morse. Dans les océans, les laves aimantées for-

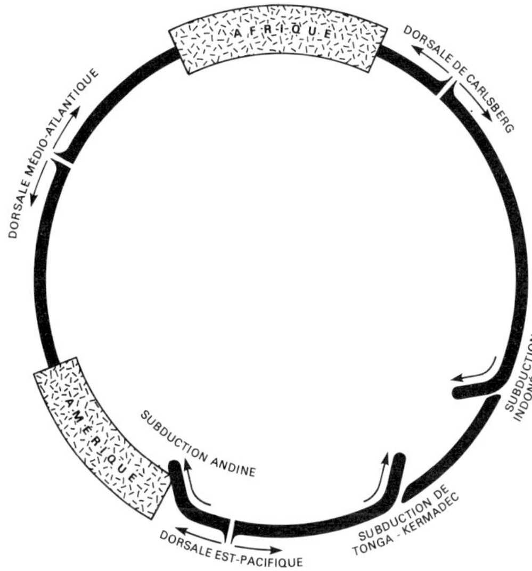

Coupe de la Terre schématisant les dorsales et les zones de subduction.

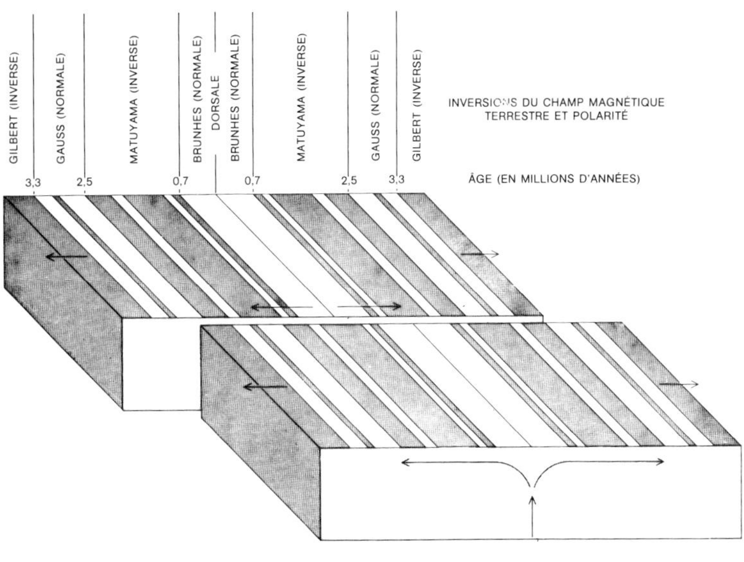

Une preuve de l'expansion des fonds océaniques est fournie par l'étude des champs magnétiques fossilisées dans les roches des planchers océaniques.

ment donc des bandes symétriques par rapport à la dorsale dont on comprend bien le mécanisme de formation : émission de matériaux le long des dorsales et dérive de part et d'autre des dorsales.
A partir de cette explication, on a compris quantitativement des observations telles que la diminution de l'épaisseur du plancher océanique : lorsqu'on s'éloigne des dorsales, l'altitude du plancher du fond des océans diminue : elle diminue suivant une loi très simple due au refroidissement de la lave par l'eau de mer.

ÉMILE NOËL Sur les dorsales, un matériau monte de l'intérieur de la Terre et s'écarte de la dorsale ; on peut alors penser que les océans ne vont pas cesser de s'élargir : or il y a bien un endroit où ils doivent diminuer, sinon la Terre grossirait.

CLAUDE ALLÈGRE Certes, les océans ont tendance à s'élargir mais l'aire de la surface de la Terre est constante. Donc il y a – c'est le deuxième volet de la théorie – des zones dans lesquelles la surface des océans replonge à l'intérieur de la Terre. Et ces zones, que l'on appelle zones de subduction, sont de grandes fosses océaniques. Par exemple, tout autour du Pacifique, le long du Japon, des Iles Marianne, il existe de grandes fosses océaniques où le plancher du Pacifique plonge dans l'intérieur de la Terre. C'est le cas aussi le long de la fosse du Chili, le long de la fosse du Pérou, du Mexique ; de l'autre côté du Pacifique, vous avez une autre plongée.

C'est ce double mécanisme de création de plancher océanique au niveau des dorsales, de destruction au niveau des zones de subduction, qui fait le mouvement. Dans ce mouvement les continents sont passifs : ce sont des espèces de grosses barges qui flottent à la surface de la Terre, qui sont très légères et qui donc ne sont jamais réenglouties dans le manteau (contrairement au plancher océanique) et qui subissent les mouvements de la surface de la Terre.

ÉMILE NOËL Qu'est-ce qu'on appelle les plaques ?

CLAUDE ALLÈGRE Les plaques peuvent contenir une partie de continent et une partie d'océan. Il existe trois types de frontières qui délimitent les plaques : les dorsales océaniques qui fabriquent du plancher océanique ; les zones de subduction qui détruisent le plancher océanique et puis, un troisième type de frontières que l'on appelle les failles transformantes : ces grandes failles relient deux structures. Ces frontières délimitent des plaques, des grandes provinces en quelque sorte. Une de ces plaques est délimitée par la dorsale Atlantique et comprend la partie de l'océan qui va de la dorsale océanique à l'Amérique, plus l'ensemble du continent américain. C'est la plaque américaine. Pourquoi l'appelle-t-on plaque ? Parce que ce domaine semble, en première approximation, se déplacer à la surface de la Terre comme une plaque rigide, sans que l'intérieur se déforme. Ce n'est pas tout à fait exact : dans cette acception les zones de déformation des plaques se situent au niveau des frontières et c'est de là qu'est venue l'expression « tectonique des plaques » ; en fait, on sait maintenant que ce n'est vrai qu'en première approximation.

ÉMILE NOËL N'y a-t-il pas aussi un phénomène de densité relative qui fait que les continents ne peuvent replonger dans le manteau ? Enfin ces fonds océaniques qui sortent et qui replongent, ça fait un petit peu penser au mouvement de l'eau qu'on chauffe dans une casserole. C'est un phénomène de convection. Est-ce que la Terre est animée de tels mouvements ?

CLAUDE ALLÈGRE Ces mouvements de la Terre sont des phénomènes dus au chauffage interne de la Terre, la source étant la radioactivité ; les éléments radioactifs sont peu abondants dans la Terre, mais tout de même suffisamment pour que leur chaleur accumulée pendant des millions et des millions d'années, soit la source de chaleur motrice à l'intérieur et sur la Terre.
Ces mouvements à la surface de la Terre ont des conséquences pratiques et géologiques très importantes. A chaque fois qu'il y a interaction entre l'intérieur de la Terre et la surface, c'est-à-dire au niveau des dorsales d'une part, au niveau des zones de subduction d'autre part, il y a des transferts de matière, donc un volcanisme : on explique très bien, sur ces bases, la carte de répartition des volcans à la surface de la Terre.
Deuxièmement, de l'énergie est dissipée au niveau de ces frontières de plaques et cette énergie est de nature méca-

nique ; sur ces frontières, il y a coexistence de matériaux chauds et de matériaux froids et, par conséquent, des tensions, des relâchements de tension, des cassures et donc des tremblements de terre. Cette deuxième grande manifestation énergétique, on l'explique très bien aussi.
Et puis un troisième phénomène, par nature beaucoup plus géologique parce qu'il dure beaucoup plus longtemps, est la formation des montagnes. Examinons-en le mécanisme : les continents sont passifs, mais ils se cassent. Une fois cassés, ils dérivent, mais ils ne peuvent pas dériver n'importe où : ils sont sur une surface fermée. Donc au cours de leurs pérégrinations ils entrent en collision : par exemple, l'Afrique et l'Europe sont entrés en collision pour donner la chaîne des Alpes. De la même manière, l'Inde est entrée en collision avec l'Asie. Initialement l'Inde était collée à l'Afrique, elle s'en est détachée, elle est montée vers le Nord, elle est entrée en collision avec l'Asie et elle a donné ce complexe Himalaya/Tibet que tout le monde connaît. Autrement dit, la formation des chaînes de montagnes résulte de la collision des continents. Ce phénomène très important, qu'on n'imaginait pas il y a quelques décennies, résulte de la dérive des continents et même Wegener n'avait pas du tout envisagé que des continents puissent se souder. Par ce double jeu de cassure et de soudure, des continents, deviennent de véritables mosaïques avec des morceaux juxtaposés dont l'histoire est totalement différente.

ÉMILE NOËL Si quand deux continents se rencontrent, cela donne une chaîne de montagnes, est-ce que quand ils s'arrachent l'un à l'autre, cela donne des fonds océaniques très profonds ?

CLAUDE ALLÈGRE Pas très profonds, mais c'est ainsi que se créent des océans. Quand les continents s'arrachent les uns aux autres, quand ils se cassent, des fonds océaniques apparaissent. Un cas intermédiaire est très important économiquement : il arrive que des continents commencent à s'étirer et à se casser et que, finalement, ils n'arrivent pas à se casser : un bassin se forme, qui n'est pas océanique et qui reste en milieu continental. Cet étirement donne une dépression qu'on appelle un bassin sédimentaire, où vont s'accumuler sur des épaisseurs considérables des sédiments, et où se trouveront

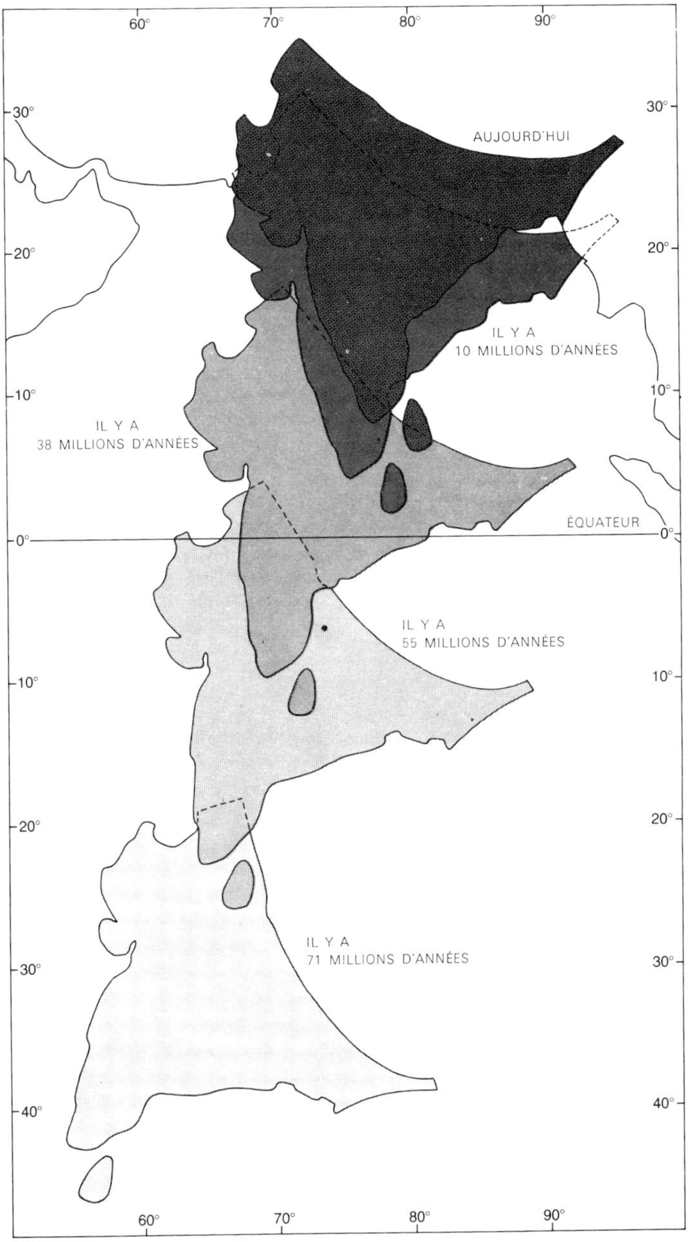

La dérive du continent indien et sa collision avec l'Eurasie. Cette collision a donné naissance aux chaînes himalayennes.

les gisements pétroliers : en résumé, le pétrole s'accumule dans ces bassins sédimentaires, ces espèces de cassures avortées de continents.

La tectonique des plaques est, finalement, un schéma unificateur pour les sciences de la Terre ; mais il faut l'incrémenter de petites additions parce qu'il n'est pas absolument suffisant. La tectonique des plaques – l'idée que tous les mouvements géologiques se passent à la frontière des plaques – est une idée aujourd'hui nuancée : d'abord, il y a des mouvements à l'intérieur des plaques et, en particulier, dans la partie continentale des plaques. La raison essentielle, nous la connaissons : les continents étant, par suite de ces mouvements de cassure et de soudure, des mosaïques, les petits morceaux jouent les uns par rapport aux autres. C'est pour cela qu'à l'intérieur de la plaque Asie, en plein centre de cette plaque, en Chine, se produisent les tremblements de terre les plus meurtriers : c'est contraire à ce qu'on pourrait penser d'après la tectonique des plaques. En fait, ce n'est pas tellement contraire, c'est simplement qu'une histoire antérieure a créé d'anciennes frontières.

Ce qui est beaucoup plus contraire à la tectonique des plaques, c'est que l'origine d'un certain nombre de volcans sur Terre n'est pas du tout liée aux frontières de plaques. C'est le cas par exemple des volcans des Açores, des volcans des Canaries, ou d'Hawaii. Il existe là, en plein milieu d'un océan, en plein milieu d'une plaque, une chaîne de volcans. Pour expliquer ce phénomène on a développé l'idée qu'aux mouvements lents de convection du manteau, dont la manifestation de surface est la tectonique des plaques, se superposent des mouvements beaucoup plus anarchiques, un petit peu comme ce qui se passe dans une casserole d'eau chauffée : quand vous chauffez trop vite, vous avez de temps en temps des projections. Dans le manteau, des jets volcaniques, d'origine plus profonde, viennent brutalement à la surface et percent tout. Donc les mouvements sont doubles : des mouvements réguliers de la surface et, à l'intérieur, des mouvements brutaux. Voilà comment on nuance la tectonique des plaques.

L'autre perfectionnement de la théorie tient à la déformation des plaques : il semble que le dogme « les plaques sont rigides » soit contestable. Nous avons vu que les plaques continentales ne sont pas rigides et que, dans les océans, elles

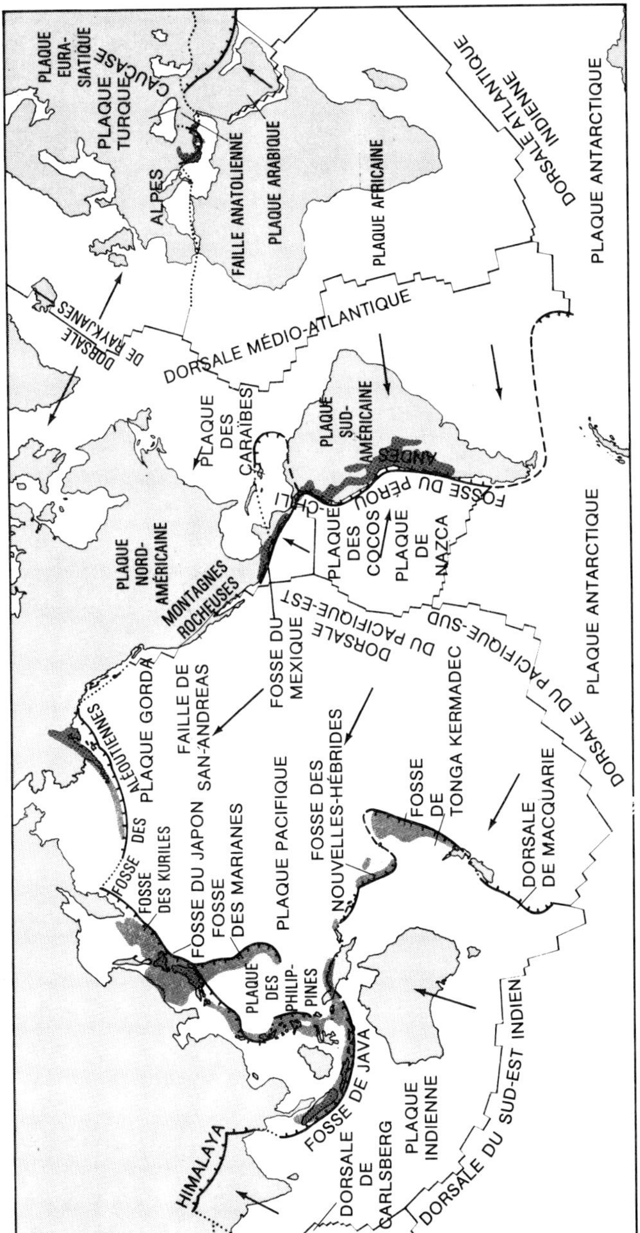

Mosaïque de plaques constituant la lithosphère terrestre.

ne le sont qu'à moitié ; la tectonique des plaques n'est pas un dogme, c'est une première approximation de la description de la géologie de la surface de la Terre et il faut la perfectionner pour en comprendre les détails. Néanmoins, la tectonique des plaques explique bien les grands phénomènes géologiques : séismes, volcans, formes du fond océanique. Nous avons évoqué le refroidissement, à partir d'une dorsale, qui est une espèce de grande montagne au fond de la mer, de l'épaisseur de la couche de lave déposée : l'altitude du fond décroît, tout ça en négatif bien sûr, puisque vous êtes sous la mer ; l'altitude décroît par refroidissement, puis, dans certaines zones privilégiées, les grandes fosses océaniques, le plancher océanique s'enfonce dans le manteau. C'est la fosse des Kouriles où, autrefois, on a battu le record des plongées ; la fosse du Japon, la fosse des Mariannes, la fosse de Nouvelle-Guinée, la fosse des Tonga Kermadec, nous passons ici en revue l'Ouest du Pacifique ; la fosse du Chili, la fosse du Pérou ; la fosse d'Amérique centrale, là nous avons fait le tour du Pacifique. Entre les deux, naturellement, il y a une dorsale qui s'appelle la dorsale Est-Pacifique, qui passe au large du Mexique et qui s'étend vers le Sud. On explique très bien la morphologie océanique.

ÉMILE NOËL On repère ainsi, de façon assez logique, la place des principaux volcans, à quelques exceptions près, et on sait reconnaître les zones dans lesquelles les séismes sont les plus à craindre.

CLAUDE ALLÈGRE Sur toutes les frontières de plaques actuelles – ou sur toutes les frontières de plaques anciennes, même si elles se sont soudées – les plaques jouent les unes par rapport aux autres et leurs mouvements engendrent des séismes. Les frontières de plaques actuelles, où se trouvent les zones sismiques, vous les connaissez hélas par les journaux, c'est encore une fois le Japon, l'Indonésie, la Nouvelle-Guinée ; les Philippines, la Nouvelle-Calédonie ; les Nouvelles-Hébrides ; puis, de l'autre côté du Pacifique : la Californie, le Mexique, l'Amérique du Sud, le Chili. Dans l'Atlantique, il n'y a que deux zones d'enfoncement les Antilles d'une part, et les Iles Sandwich au Sud de l'Amérique du Sud d'autre part : cette partie de l'Atlantique n'est pas très sismique. La grande zone méditerranéenne est très sismique : dans cette zone s'affrontent la plaque Afrique et la plaque Europe ; cette zone inclut l'Italie, la Yougoslavie, la Grèce et la Turquie. Dans cet ordre des choses, la France est heureusement épargnée puisque la frontière des plaques passe en Afrique du Nord qui est une zone très sismique.

ÉMILE NOËL Le moteur de tous ces mouvements est alimenté en énergie. Vous avez fait allusion à la radioactivité du centre de la Terre : la Terre est-elle semblable à une pile atomique où l'énergie libérée engendre ces grands mouvements en profondeur qui ont les effets de surface que vous venez de décrire ?

CLAUDE ALLÈGRE La Terre est effectivement un grand engin atomique dont la radioactivité, répartie à l'intérieur, chauffe le manteau par le bas, ce qui crée ces grands mouvements. Quand on s'enfonce à l'intérieur de la Terre, la température croît, c'est une observation très ancienne : les mineurs savent qu'il fait plus chaud dans les mines qu'à la surface. On peut mesurer le flux de chaleur qui s'échappe de la Terre : il n'est pas très élevé, il est de l'ordre de la microcalorie par centimètre et par seconde, soit 10 000 fois moins que le flux de chaleur qui vient du Soleil. Mais cette chaleur suffit pour que la température, qui est par exemple, à 150 kilomètres de profondeur, de 1 200 à 1 300 degrés, croisse jusqu'à 2 000-3 000 degrés. Ce gradient de température fait que les matériaux chauds, plus légers que les matériaux froids, ont tendance à monter vers la surface, et les matériaux froids ont tendance à descendre, exactement comme dans une casserole d'eau chauffée par le bas. Seulement ces mouvements, tous ces mouvements que nous venons de décrire, sont de l'ordre du centimètre par an ! Autrement dit, il faut une centaine de millions d'années pour qu'un déplacement atteigne 1 000 kilomètres. La Terre se comporte comme un fluide : ses roches, soumises à des contraintes pendant des millions d'années, se déforment comme de la pâte à modeler. Voilà la vision qu'il faut avoir. Tous ces mouvements sont extrêmement lents à notre échelle humaine, mais ils sont relativement rapides géologiquement puisque la Terre a 4,5 milliards d'années : par ces mouvements, la Terre se modifie en une centaine de millions d'années, ce qui est, à son échelle, très rapide.

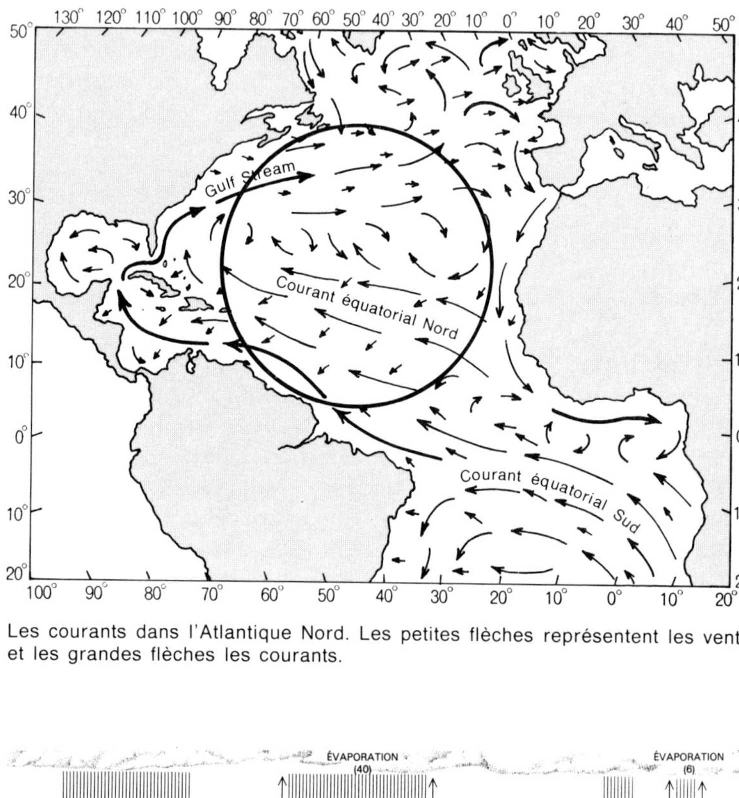

Les courants dans l'Atlantique Nord. Les petites flèches représentent les vents et les grandes flèches les courants.

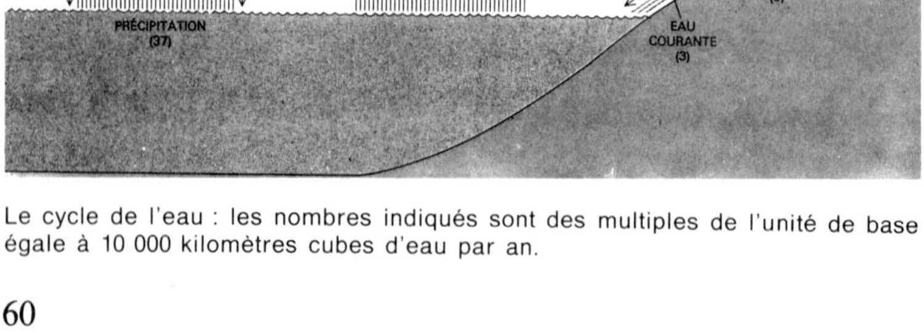

Le cycle de l'eau : les nombres indiqués sont des multiples de l'unité de base égale à 10 000 kilomètres cubes d'eau par an.

CHAPITRE 5

LES CYCLES DE LA TERRE

ÉMILE NOËL Outre les mouvements des plaques, quels sont les mouvements à la surface de la Terre ?

CLAUDE ALLÈGRE Ce sont les mouvements superficiels : les vents, donc les mouvements de l'atmosphère, les courants marins dans la mer, par exemple le Gulf Stream, le ruissellement de l'eau sur les continents, etc...

ÉMILE NOËL ... mouvements qui se rattachent au cycle de l'eau dont la pluie est une manifestation.

CLAUDE ALLÈGRE Nous allons examiner ce cycle de l'eau. L'eau s'évapore sur l'océan, essentiellement dans les zones chaudes, c'est-à-dire dans la zone intertropicale. Dans une atmosphère chargée d'eau à l'état gazeux les nuages qui se forment dérivent, statistiquement, de la zone équatoriale vers le Nord, et migrent ainsi des zones océaniques vers les zones continentales.

ÉMILE NOËL Et dans l'hémisphère Sud ?

CLAUDE ALLÈGRE Dans l'hémisphère Sud, c'est la même chose : l'eau de l'atmosphère dérive vers le pôle Sud. Il y a un double cycle, un cycle de l'équateur vers les pôles, un grand cycle, et en même temps, un mouvement de l'atmosphère chargée d'eau, de l'océan vers les continents. Une première remarque n'est pas cruciale, mais quand même importante : la quasi-totalité de la pluie, retombe sur l'océan. Si vous allez sur l'océan, vous savez qu'il y pleut toujours ! Une petite partie de ce cycle, environ 10 pour cent, se manifeste par des pluies sur le continent.
Ce phénomène est fondamental : l'eau est transférée sur le

continent et l'eau est un agent corrosif fabuleux. C'est pour cela que vous l'utilisez pour vous laver les mains : vous dissolvez ainsi énormément de composés chimiques dans l'eau. L'eau est aussi un agent chimique dans la nature : elle a notamment un effet considérable sur les roches ! Elle dissout les sels contenus dans les roches, se charge donc de plus en plus en sels minéraux ; cette eau s'écoule des zones les plus élevées vers les zones les plus basses pour, bien sûr, retourner vers la mer par des trajets très variés.

ÉMILE NOËL L'évaporation joue aussi un rôle purificateur : l'eau qui est évaporée des océans est de l'eau pure presque dépourvue de sels dissous.

CLAUDE ALLÈGRE C'est de l'eau presque pure, qui tombe sur les continents et qui va se charger de sels en dissolvant des roches pour donner de l'eau salée ; c'est pour cela que la mer est salée, avec certaines complications supplémentaires parce qu'il y a des réactions dans la mer.

ÉMILE NOËL La mer devrait être de plus en plus salée.

CLAUDE ALLÈGRE On l'a cru pendant très longtemps ! En fait, l'eau de mer n'est pas uniquement régénérée par de l'eau douce évaporée qui retombe en pluie et de l'eau chargée en sels apportés par les fleuves. L'intérieur de la mer est le siège de réactions chimiques très importantes, notamment des réactions biologiques qui en modifient la composition, mais également le siège de réactions avec le fond : la composition de l'eau de mer est perpétuellement renouvelée. Nous avons évoqué aussi les dorsales : en leur voisinage, l'interaction très forte entre le volcanisme sous-marin des dorsales et la mer influence aussi la composition de l'eau de mer. La composition de l'eau de mer résulte de phénomènes plus complexes qu'on ne l'a longtemps cru.

ÉMILE NOËL Et la mer Morte ? L'appelle-t-on ainsi parce que les phénomènes chimiques ou biologiques en sont absents, et est-ce pour cette raison qu'elle est beaucoup plus salée que les autres ?

CLAUDE ALLÈGRE Non : ce raisonnement inverse la cause et l'effet. Si la mer Morte est plus salée c'est parce que c'est une

mer fermée : comme elle est fermée, elle s'est évaporée et le sel est trop concentré pour que l'eau y permette la vie.
Revenons aux cycles de l'eau. Une partie de l'eau en surface est évaporée immédiatement et une partie s'infiltre dans le sol. Dans une grande partie du Globe, le sous-sol est imprégné d'eau jusqu'à trois ou quatre kilomètres de profondeur : les rivières souterraines sont une manifestation spectaculaire de cette présence d'eau. L'eau attaque les roches de surface et cette corrosion des roches détermine la géologie de la surface. Et puis il y a la circulation d'eau organisée, qui est celle des rivières, des fleuves, les voies de drainage de l'eau vers les océans : ce sont ces fleuves qui transportent les matériaux des continents vers les océans.
De plus, à l'intérieur des océans eux-mêmes, il existe une circulation que je qualifierai « d'extraordinaire », nous verrons pourquoi cet adjectif. Enfin, les mouvements de l'eau en surface, les vagues, sont dus essentiellement à l'interaction avec les vents de l'atmosphère et sont limités par les bordures des côtes et des continents.

ÉMILE NOËL La circulation océanique la plus importante est due aux grands courants marins.

CLAUDE ALLÈGRE Les plus spectaculaires sont le courant de Humboldt, le Gulf Stream, etc.. Mais on a découvert et étudié grâce au carbone 14 une circulation océanique beaucoup plus lente. Cette circulation fait communiquer les eaux de surface avec les eaux de profondeur et sa géométrie est très originale. Toutes les eaux de surface convergent vers le Sud du Groenland ; là elles plongent et se dirigent vers les profondeurs de l'ensemble du Globe. Ainsi les eaux du Pacifique sont les eaux qui se trouvaient à la surface de l'Atlantique Nord il y a 1 000 ans : les eaux qui sont aujourd'hui au fond du Pacifique sont les eaux que rencontraient les Vikings quand ils allaient à la découverte de l'Amérique !

ÉMILE NOËL Pourquoi cette convergence vers le Sud du Groenland et pas ailleurs ? Pourquoi un point unique ?

CLAUDE ALLÈGRE D'abord parce qu'au Sud du Groenland, on est près de la calotte polaire, donc dans une zone très froide. L'Atlantique est un océan très fermé, allongé dans la direction Nord-Sud où la circulation de l'eau de mer est

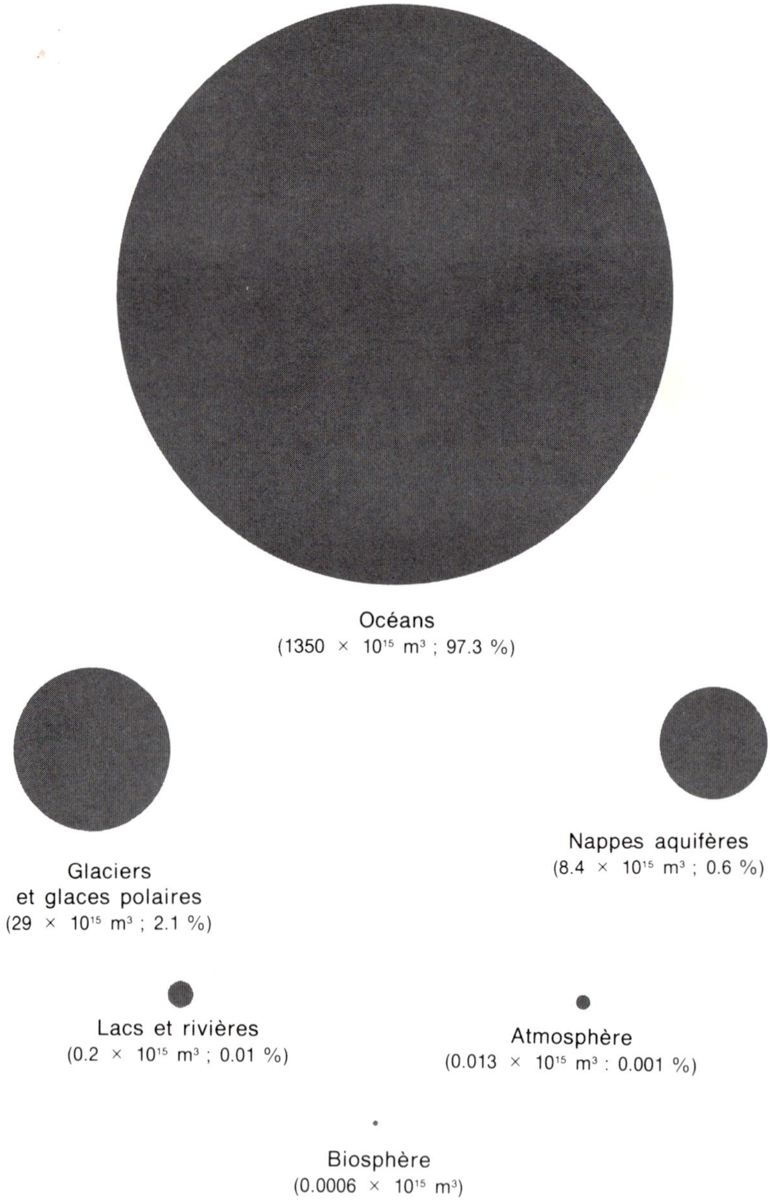

Répartition de l'eau sur Terre.

paradoxale : contrairement à la casserole d'eau qu'on évoque souvent pour expliquer les mouvements de convection, la mer, quant à elle, est chauffée par dessus par le Soleil. Or chauffer votre appartement par le plafond n'est pas du tout efficace. Je dois dire hélas, que ce dispositif est quelquefois utilisé. Quand on chauffe ainsi, la chaleur reste en haut. On pourrait penser que l'eau chaude de l'Atlantique, plus légère, reste en surface et que l'eau froide, plus lourde, reste en profondeur ; en fait, ce raisonnement est inexact parce qu'en même temps que vous chauffez l'eau, vous l'évaporez, donc vous augmentez la salinité et donc la densité de l'eau résiduelle.

En même temps l'eau salée dérivant vers le Nord se refroidit ; au Groenland cette eau est beaucoup plus dense que l'eau résidente et plonge. La zone exacte de la plongée résulte de la répartition des côtes ; il n'y a pas beaucoup d'autres endroits au pôle Nord où elle pourrait plonger. Bien sûr elle pourrait aussi s'enfoncer dans l'Antarctique dans l'hémisphère Sud et en fait, elle y plonge un petit peu. La pérennité de cette asymétrie s'explique de la façon suivante : si vous faisiez naître, dans un baquet d'eau, un mouvement à un endroit, ce mouvement a ensuite tendance à se reproduire exactement au même endroit. L'eau a plongé là dans le passé et la circulation s'est stabilisée dans cette configuration.

Cela ne veut pas dire que le système est éternel : si des continents dérivaient vers le Groenland très au Sud ou très au Nord, la répartition de ce cycle océanique pourrait être modifiée. Donc l'eau de l'océan est le siège de mouvements très lents qui durent des millénaires (mais qui sont encore infiniment plus rapides que les mouvements du manteau).

ÉMILE NOËL Par où passe l'eau entre le Sud du Groenland et le Pacifique ?

CLAUDE ALLÈGRE Par le fond de l'Atlantique : à l'inverse du mouvement en surface les courants profonds de l'Atlantique dérivent du Nord au Sud. Ils sont très froids (à une température de 4 degrés) et dérivent vers le Sud. Ils passent par le détroit de Magellan et vont dans le Pacifique. Un travail merveilleux, fait grâce au carbone 14, a permis de reconstituer leurs trajets ; l'eau qui est en contact avec la surface, échange des produits carbonés avec l'atmosphère et, par conséquent, son carbone, le carbone 14 de l'atmosphère, est

jeune. Or le carbone est radioactif et dès que l'eau plonge, il n'est plus en contact avec l'atmosphère, par conséquent, il se désintègre. Donc on détermine, par sa concentration en carbone 14, depuis combien de temps l'eau n'est plus en contact avec l'atmosphère. On date ainsi le moment de la plongée et, de proche en proche, d'après l'âge de l'eau, on suit ses mouvements en mer. Ce travail splendide, commencé déjà depuis une quinzaine d'années par Wally Broecker, a été affiné récemment.
Nous avons peint à grands traits le cadre de la vie dans l'océan qui est d'une richesse chimique extraordinaire : apports des fleuves, réactions avec le fond, réactions avec les dorsales et enfin vie biologique florissante dans la zone intertropicale ; les animaux utilisent le calcium de l'eau de mer pour constituer leur squelette et, quand ils meurent, ce squelette en précipitant donne les calcaires. On commence à connaître les détails de ce système chimique extraordinaire qu'est l'eau de mer et on commence à découvrir, hélas, un composant complémentaire qui s'appelle l'homme, et qui a tendance à détruire un peu cet équilibre.

ÉMILE NOËL Seulement un peu ?

CLAUDE ALLÈGRE Un peu pour l'instant. J'espère que cette déstabilisation ne s'amplifiera pas : nous reviendrons sur ce point.
Les sédiments se déposent au fond de cet océan. Certains d'entre eux sont apportés mécaniquement par les fleuves, ce sont les sables ou les argiles : plus les sédiments se déposent près de côtes, plus ils sont grossiers ; plus ils sont au large, plus ils sont fins. Au large, sur les hauts fonds, se déposent d'autres sédiments, les squelettes d'organismes morts qui sont, en gros, du calcaire. C'est pour cette raison que vous trouvez des fossiles dans les calcaires, les calcaires étant en fait, des fossiles. Et puis des sédiments plus spécifiques s'accumulent auprès des zones tropicales marécageuses : ces sédiment donnent, après maturation, du charbon. Ainsi se traduit, dans l'océan, le cycle de l'eau.
Mais ce cycle de l'eau n'est pas unique, il y a un petit cycle de l'eau, un cycle secondaire : sur les continents, la petite fraction d'eau qui pénètre dans l'écorce terrestre et y circule au cours des millions d'années, a, elle aussi, un devenir extra-

ordinaire. Lorsqu'elle descend dans l'écorce terrestre, elle s'échauffe. La meilleure preuve est l'existence de sources chaudes ou de geysers. L'eau chaude est plus corrosive que l'eau froide : quand vous vous lavez les mains, vous prenez de l'eau chaude parce qu'elle dissout davantage. A l'intérieur du Globe, cette eau circulante va dissoudre, transporter des

	EAUX CHAUDES DE SURFACE	MOYENNE DES EAUX PROFONDES
PHOSPHATE	0	2,2
CARBONE DISSOUS TOTAL	2000	2275
IONS HYDROGÉNOCARBONATE	1764	2140
IONS CARBONATE	223	90
DIOXYDE DE CARBONE GAZEUX	13	45
IONS CALCIUM	10 000	10 055
CADMIUM	0	0,7
CARBONE 13 / CARBONE 12 (PAR RAPPORT AU RAPPORT DE RÉFÉRENCE)	1,0024	1,0002

Composition des eaux chaudes de surface et des eaux froides profondes (constituants les plus abondants).

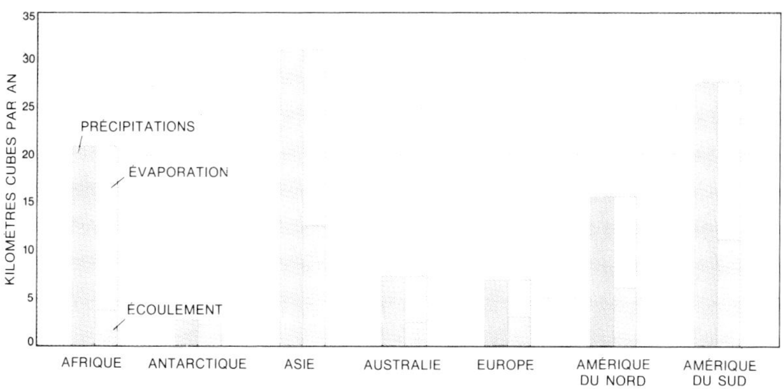

La répartition des ressources en eau sur les continents dépend du bilan entre précipitation et évaporation, la différence constituant l'écoulement total annuel des cours d'eau.

matériaux qui, nous le verrons dans le chapitre 8, donneront les gisements minéraux. La vie de l'eau interne est aussi une vie active.

ÉMILE NOËL Cette eau en profondeur est exploitée dans les stations thermales.

CLAUDE ALLÈGRE Dans les stations thermales et aussi comme source d'énergie géothermique quand l'eau est suffisamment chaude (près des volcans) et assez abondante. Elle joue aussi un rôle très important dans les éruptions volcaniques, car cette eau qui pénètre les volcans est surchauffée et provoque des explosions.

ÉMILE NOËL Il y a de l'eau partout sur et sous Terre : la planète bleue est aussi bleue sous les continents.

CLAUDE ALLÈGRE Il y a de l'eau jusqu'à une profondeur d'environ cinq kilomètres. Il y a même de l'eau en grande quantité sous les déserts : les Israéliens y découvrent les nappes fossiles. Hélas cette eau est inégalement répartie et peu accessible.
L'eau est bien sûr un élément essentiel de notre corps. Tous les êtres vivants sont essentiellement constitués d'eau, l'élément indispensable pour le développement de la vie : le sang, finalement, c'est en première approximation de l'eau de mer plus des globules rouges, plus des tas de choses ; mais c'est d'abord de l'eau de mer. Il n'y a pas de vie s'il n'y a pas d'eau et la présence d'eau est, sur Terre, un phénomène unique ; sur Mars, il y a un peu d'eau, et il y en a eu davantage parce qu'actuellement elle est stockée dans la calotte polaire ; il y a très très peu d'eau sur Vénus ; il n'y en a pas ou très peu sur les autres planètes : l'abondance d'eau est bien la caractéristique essentielle de la Terre. La glace est une composante du cycle de l'eau que nous n'avons pas encore abordée : une partie de l'eau de surface est stockée sur la Terre aux deux pôles sous forme de calottes polaires. Ces calottes glaciaires jouent un rôle extrêmement important parce que c'est une espèce de « paroi froide » qui condense l'eau et qui la relâche quand la température augmente. Avec cette composante des glaces polaires, nous verrons que le cycle de l'eau est un élément essentiel pour la détermination des climats.

En résumé l'eau est corrosive, l'eau bouge, l'eau est agent géologique, l'eau est agent climatique, l'eau est source de vie.

ÉMILE NOËL Pour que cette eau bouge, il faut de l'énergie ; dans le chapitre précédent nous avons vu que les mouvements à l'intérieur de la Terre étaient dus à l'énergie radioactive, la radioactivité du centre de la Terre ; quelle est la source d'énergie pour les mouvements de l'eau sur Terre ?

CLAUDE ALLÈGRE C'est le Soleil. Tout le cycle de surface est créé, entraîné, déplacé par le rayonnement solaire. C'est le Soleil qui détermine toutes les activités de surface et si l'activité du Soleil baissait, si le Soleil cessait d'émettre ses rayonnements, l'ensemble du cycle de la planète serait modifié en conséquence. Or le Soleil est aussi un réacteur nucléaire et un réacteur nucléaire infiniment plus puissant que le réacteur de l'intérieur du Globe.
Nous sommes éloignés du Soleil, mais nous en recevons un rayonnement énergétiquement 10 000 fois plus puissant que la chaleur venant du réacteur de l'intérieur de la Terre. C'est un moyen de chauffage extrêmement efficace.

ÉMILE NOËL Il faut beaucoup d'énergie pour évaporer l'eau.

CLAUDE ALLÈGRE Beaucoup et, comme l'évaporation de l'eau consomme de l'énergie, le cycle de l'eau est un grand modificateur de la répartition de l'énergie à la surface de la Terre. Les rayonnements solaires sont au niveau du sol plus intenses à l'équateur qu'aux pôles puisqu'ils ont moins d'atmosphère à traverser, mais la chaleur recueillie est terriblement brassée par le cycle de l'eau. L'évaporation et la condensation de l'eau étant des processus qui absorbent et dégagent des quantités de chaleur énormes, ils modifient considérablement l'état thermique de surface. Cette interaction complexe explique d'ailleurs, en grande partie, la difficulté des prévisions météorologiques et climatiques.

ÉMILE NOËL A certains endroits, la chaleur est captée pour transformer l'eau en vapeur, puis la vapeur se déplace et quand elle retombe sous forme de pluie, elle cède de la chaleur. La vitesse relative de ces échanges est, à l'horloge géologique, extrêmement rapide.

CLAUDE ALLÈGRE Nous avons évoqué dans le chapitre précédent des vitesses de déplacement des plaques de quelques centimètres par an ; certains mouvements internes sont de l'ordre du mètre par an. Les mouvements de redistribution de la salinité océanique sont environ un million de fois plus rapides ; la vitesse des courants marins est de l'ordre du millier de kilomètres par an, les mouvements de l'atmosphère peuvent atteindre une centaine de kilomètres à l'heure. Ces échelles de temps sont très différentes. Pourquoi ? Parce que la vitesse de tous ces mouvements est déterminée par la viscosité du fluide transporté : l'atmosphère est un fluide extrêmement peu visqueux, c'est un gaz ; l'océan est un fluide un peu plus visqueux, c'est de l'eau ; et l'intérieur du Globe est fait de roches qui ne sont fluides qu'à des échelles de temps géologiques. Il existe toute une série de mouvements fluides emboîtés les uns dans les autres.

Nous aurions pu aussi évoquer, parmi les mouvements internes, les mouvements du noyau de la Terre, qui sont à l'origine du champ magnétique terrestre, et dont on ne connaît pas encore bien les relations avec le cycle de la tectonique des plaques ; néanmoins, on sait qu'ils sont beaucoup plus rapides et ressembleraient aux mouvements de l'océan parce que le noyau de la Terre est liquide (c'est du fer fondu). Ces mouvements rapides engendrent les changements très brutaux du champ magnétique terrestre. L'un des enseignements des dix dernières années c'est que, pour comprendre la géologie, il faut connaître les lois de la mécanique des fluides. Actuellement, les spécialistes les plus éminents de cette discipline s'intéressent aux Sciences de la Terre qui offrent à leur étude une extraordinaire variété de fluides et de comportements.

Cette vision du géologue est bien différente du portrait classique du géologue qu'on dépeignait comme un boy-scout aux bras noueux, armé de son marteau. Aujourd'hui le géologue est plus qu'un observateur : c'est un scientifique qui modélise les phénomènes naturels à l'échelle du laboratoire et les étudie à la lueur des lois de la physique, de la chimie, des mathématiques. Ainsi des géophysiciens modélisent, sur des cellules de convection, les phénomènes du manteau, en respectant des lois d'échelle ; pour simuler une gravité relativement importante d'autres comme le Suédois Hans Ramberg utilisent des centrifugeuses. La géologie est un champ d'étude particulier des lois physiques concernant les fluides.

CHAPITRE 6

LES COLÈRES DE LA TERRE

ÉMILE NOËL Les colères de la Terre sont toutes des conséquences des mouvements de la Terre, les mouvements profonds internes et les mouvements de surface. Ces deux catégories de mouvements engendrent des phénomènes de surface que nous éprouvons, parfois durement.

CLAUDE ALLÈGRE Ce ne sont pas toutes les conséquences, ce sont les conséquences violentes, les conséquences pour l'homme. Car la Terre tue des hommes : au XXe siècle, près d'un million d'hommes seront morts du fait des tremblements de Terre et des éruptions volcaniques, et plus encore mourront victimes des inondations, des tornades et des ouragans. Le chiffre est terrible : si une guerre tuait dans ce siècle, deux ou trois millions de personnes, elle ne passerait pas inaperçue dans les livres d'histoire. Vous allez dire que par rapport aux accidents de la route, ce n'est pas la première priorité ! Certes, mais on pourrait tenir ce raisonnement pour beaucoup d'autres catastrophes.
Donc les colères de la Terre engendrent des catastrophes très importantes. En plus de cela, il faut savoir que le chiffre des pertes ne diminuera pas mais au contraire augmentera et cela pour une raison bien simple : la population augmente et l'espace vital pour chaque être humain sur la planète se raréfie ; aussi les hommes doivent-ils vivre dans des zones dangereuses de la planète où la densité d'habitation croît ; donc les risques de catastrophes naturelles augmentent et auront des conséquences de plus en plus dramatiques. C'est terrible, mais comment l'ignorer ?

ÉMILE NOËL Il y a ainsi des endroits plus dangereux que les autres. Nous avons noté dans les chapitres précédents qu'il existe des zones où les tremblements de terre sont plus fréquents, où sont situés les volcans. Donc il y a des zones sûres et des zones dangereuses.

CLAUDE ALLÈGRE Il n'y a aucun doute là-dessus. Dans certaines zones les mouvements internes de la planète ne se font guère sentir, dans d'autres les mouvements internes engendrent des catastrophes qui s'appellent éruptions volcaniques ou tremblements de terre. Les zones où les tensions sont concentrées, la tectonique des plaques les explique très bien : ce sont les zones de subduction, les zones de grandes failles, et les zones de dorsales qui, quant à elles, ne sont guère menaçantes parce qu'elles sont sous la mer. Et puis il y a toutes les zones de fractures de continents où les continents « jouent » et où par conséquent, ont lieu les tremblements de terre ; le pays qui compte le plus de morts par éruption volcanique c'est, et de très loin, l'Indonésie ; en ce qui concerne les tremblements de terre, la Chine a le record absolu. L'Italie, par rapport à sa surface, n'est pas mal placée, la Grèce non plus !
Il se dégage de la tectonique des plaques une géographie des dangers. Alors pourquoi laisse-t-on vivre des gens dans ces zones-là ? Par impossibilité de faire autrement. Vous n'imaginez pas qu'on va abandonner San Francisco sous prétexte qu'il peut y avoir des tremblements de terre ! Ou bien déménager Mexico ! Ou bien évacuer l'ensemble de l'Indonésie qui est menacée par les éruptions volcaniques !

ÉMILE NOËL On peut quand même se demander pourquoi elles ont été construites là ?

CLAUDE ALLÈGRE On peut effectivement s'interroger. Les villes sont de moins en moins construites sur les volcans et on essaie de déplacer celles qui en sont proches. Par exemple, autrefois, le chef-lieu de la Martinique était Saint-Pierre ; après la catastrophe de la Montagne Pelée, on l'a déplacé à Fort-de-France. On a essayé la même opération au moment de l'éruption de la Soufrière, mais ce déplacement mal compris a provoqué des protestations et malheureusement, la préfecture de la Guadeloupe est restée à Basse-Terre qui est sur les flancs d'un volcan actif.
Il n'y a que peu de villes qui sont menacées par un volcan

actif : Quito capitale de l'Equateur, est directement menacée. On évite bien sûr d'implanter des villes trop près d'un volcan, mais l'interdiction est d'application délicate parce que les pentes des volcans sont très fertiles, les sols y sont cultivés de manière intensive et des villages s'y créent. En ce qui concerne les tremblements de terre, le problème est encore plus délicat, parce que les zones menacées par les tremblements de terre sont beaucoup plus étendues : cela ne changerait rien de déplacer San Francisco légèrement vers le Sud, la ville serait toujours dans une zone sismique. Pour une sécurité totale il faudrait abandonner des régions entières : l'Italie du Nord, la Yougoslavie, etc : c'est impensable.

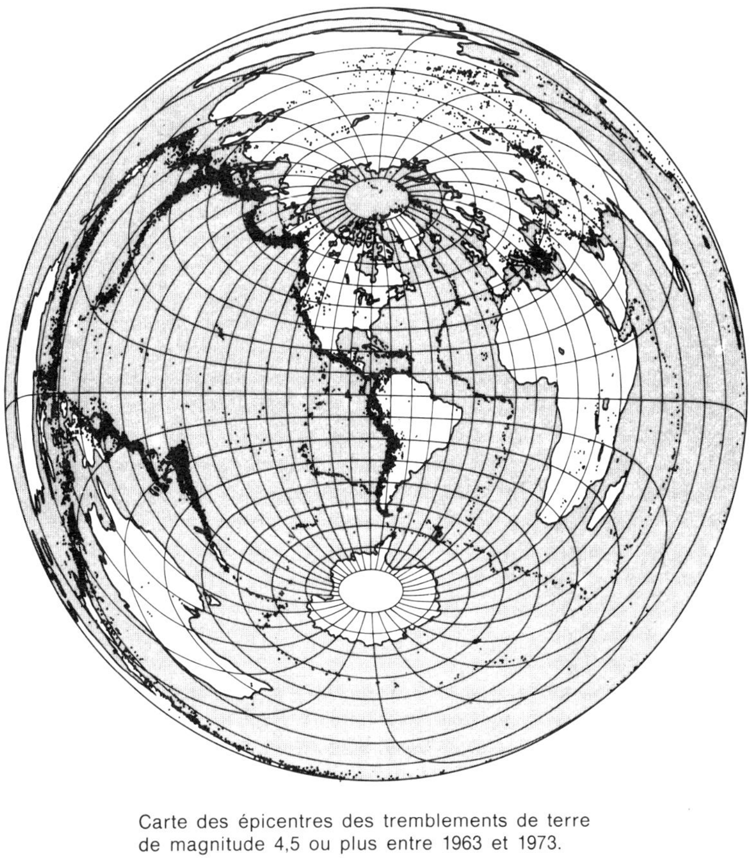

Carte des épicentres des tremblements de terre de magnitude 4,5 ou plus entre 1963 et 1973.

En plus il y a la mémoire humaine : vous savez qu'on a étudié la « sismicité historique », c'est-à-dire les tremblements de terre à travers les âges et les réactions humaines qu'ils engendrent ; on s'est aperçu que les gens – au Moyen-Orient, c'est très clair, en Chine, c'est très clair – sont très attachés à leur terre et qu'ils ont la « mémoire courte » ; un tremblement de terre meurtrier ne laisse un souvenir vivace que pendant 20 à 40 ans. Par exemple lorsqu'il y avait des tremblements de terre en Turquie, l'Empereur de Constantinople prenait un édit pour interdire les maisons à plusieurs étages. Généralement, il arrivait à faire respecter cet édit pendant 15 ans. Après cette période les gens oubliaient les dangers des tremblements de terre. Alors on reconstruisait. De nouveau, il y avait un tremblement de terre et une hécatombe. A Antioche, par exemple, des tremblements de terre périodiques rasaient la ville, mais on reconstruisait la ville exactement au même endroit ! L'histoire des mentalités montre que certains interdits... sont interdits.

ÉMILE NOËL Sait-on aujourd'hui quand un volcan deviendra meurtrier ?

CLAUDE ALLÈGRE D'abord on sait localiser avec précision où peuvent naître les volcans. Ensuite, on comprend et on prévoit très bien les crises volcaniques à condition d'avoir, autour de ces volcans, des observatoires équipés avec du matériel d'observation : des sismographes, des magnétomètres ; c'est le cas à Hawaii, où les Américains prévoient très bien les éruptions, c'est le cas à La Réunion où on voit bien venir les éruptions. C'est le cas aussi au Japon, où pour des volcans d'un type différent, on voit poindre les éruptions. Mais je le répète : il faut implanter des observatoires. Il y a sur le Globe 500 volcans actifs où il faudrait installer 500 observatoires coûteux ; or il n'existe pas plus de 20 observatoires qui soient dignement installés. Par conséquent, il y a là un problème, qui devrait être du ressort d'un organisme international, par exemple les Nations-Unies, mais qui,malgré des efforts méritoires,n'est pas vraiment pris en charge.
Un deuxième problème est que si l'on prévoit facilement une crise volcanique, on ne peut pas toujours fixer l'ampleur de son évolution. Si je vous disais : « Attention, demain il va y avoir probablement une éruption à la Montagne Pelée », on

Rue de San Francisco après le tremblement de terre de 1906.

ne pourrait pas dire « Cela va être une éruption avec des nuées ardentes, fabuleuses, ou une explosion extraordinaire, ou bien l'éruption sera une manifestation relativement modeste ». De multiples stratégies sont envisageables mais, comme on n'a pas vraiment de moyens scientifiques, on joue les gourous et on dit « Je pense que... ». Avec cette technique, on se trompe une fois sur deux, ou une fois sur trois ; ou bien on choisit l'option de ne prendre aucun risque et d'évacuer, et si cela s'est avéré inutile on a perdu de l'argent, ou bien on accepte le risque.

Mais l'attitude attentiste est terriblement coûteuse ! Par exemple, les scientifiques avaient dit, il y a deux ans, qu'il allait se produire quelque chose au Nevado Del Ruiz en Colombie. Il y a eu des rapports qui sont consignés, il y a eu des coteries et puis finalement, le gouvernement colombien a dit : « Mais non, il ne se produira peut-être rien. On attend ». 25 000 morts ! A Saint Helens, un célèbre volcanologue français avait dit : « C'est comme la Soufrière, ça ne risque rien » !. Heureusement, ce n'était pas un endroit très habité. Malheureusement, il y a des optimistes qui sont restés et qui sont morts. La prévision des éruptions n'est pas encore établie sur des bases très sûres.

ÉMILE NOËL Nous avons vu les risques et la limite même des moyens dont on dispose pour essayer de prévenir les catastrophes ; a-t-on une idée de ce qui se passe vraiment, c'est-à-dire le mécanisme des catastrophes ?

CLAUDE ALLÈGRE On a beaucoup progressé dans ce sens au cours des dernières années. D'abord, pour qu'il y ait un volcan, il faut qu'il y ait un magma ; donc à l'intérieur du Globe — où généralement les roches ne sont pas liquides mais solides — il faut qu'il y ait fusion des roches et que naisse le magma. Une fois né, comme il est plus léger que les roches qui l'entourent, ce magma monte à la surface et interagit avec l'eau, se charge en gaz, et à partir de ce moment, le processus dominant est l'interaction entre le magma et les gaz.
Selon qu'il se forme ou non des bulles, selon que la pression des gaz monte plus ou moins rapidement, les réactions, les éruptions sont plus ou moins violentes. Parfois, l'interaction est relativement faible et le magma monte gentiment à la surface, parfois même il s'arrête à la surface ; dans d'autres cas, au contraire, le magma s'arrête en profondeur dans des poches, la pression monte et brutalement, il y a explosion. Les cas de figure sont multiples. Parfois encore le magma ne joue pas un rôle direct mais vient chauffer une roche gorgée d'eau et la fait exploser : ce sont les éruptions « phréatiques » ; la mécanique des fluides explique assez bien chaque type d'éruption, ce qui ne veut pas dire pour autant que nous puissions prévoir très finement les phénomènes et nous verrons pourquoi dans la suite.

ÉMILE NOËL Pour les tremblements de terre, est-on mieux renseigné ?

CLAUDE ALLÈGRE On comprend aujourd'hui beaucoup mieux les tremblements de terre que les éruptions volca-

Le Mont Saint-Helens avant et après l'explosion de juillet 1980.

niques. Les tremblements de terre, c'est la rupture d'un ensemble rocheux certes un peu compliquée, mais maintenant bien modélisée. Hélas, paradoxalement, si le phénomène est plus simple et mieux compris, il est moins prévisible qu'une éruption volcanique. On a misé sur des indices de prévision très variés et plus ou moins pittoresques : pendant la Révolution Culturelle en Chine, on prétendait presque que le frémissement de la moustache des tigres était un signe avant-coureur d'un tremblement de terre.

En fait, on ne peut pas prévoir les tremblements de terre. La situation est très angoissante, d'autant plus que les tremblements de terre couvrent des surfaces considérables. En revanche la prévention est possible : si les édifices, les maisons, sont bien construits, on évite les dégâts causés par la grande majorité des tremblements de terre ; on atténue ainsi la portée de ce qui est un véritable fléau dans un certain nombre de pays.

Il n'y a pas eu de très gros tremblements de terre à Tokyo depuis longtemps, mais beaucoup de tremblements de terre « moyens ». On n'entend jamais parler de désastre à Tokyo parce que les constructions y sont faites de manière très sérieuse. A Mexico, récemment, si le tremblement de terre a fait tant de victimes, c'est essentiellement parce que les immeubles étaient mal construits ou construits avec des fondations insuffisantes ; dans un tremblement de terre, vous ne mourez pas engloutis dans une fissure béante qui s'est ouverte sous vos pieds jusqu'au centre de la Terre, vous mourez parce que le plafond vous tombe sur la tête, qu'une fuite de gaz a déclenché un incendie, que les inondations ou les épidémies ont fait des ravages. Si vous êtes, lors d'un tremblement de terre, dans le désert sur une bicyclette, vous tombez à terre parce que votre bicyclette est déséquilibrée mais c'est tout, il ne vous arrive rien de plus grave. A 100 kilomètres de là, dans une ville beaucoup plus éloignée du foyer du tremblement de terre, il va peut-être y avoir 10 000 morts.

Nombre de conséquences fatales sont évitables par une éducation des populations, par des constructions adaptées : la prévention existe mais la science est actuellement impuissante à prédire les tremblements de terre.

ÉMILE NOËL Il y a une autre variété de tremblements de terre, les tremblements de mer : ce sont les raz de marée.

CLAUDE ALLÈGRE On parle souvent de l'éruption du Krakatoa : ce qui a tué beaucoup de gens, c'est le raz de marée qui a suivi l'éruption du Krakatoa. Les raz de marée sont la conséquence des éruptions volcaniques ou des tremblements de terre ; ce sont des ondes très particulières qui se propagent sans s'amortir, mais à une vitesse qui est relativement lente car elles se propagent dans l'eau.
Autour du Pacifique, il existe tout un réseau d'alerte au tsunami pour prévenir les populations à l'avance : un tsunami met 10 heures à traverser le Pacifique. Car il traverse le Pacifique et un tremblement de terre au Chili peut créer un tsunami au Japon. Hélas pour nous, la Méditerranée n'est pas assez large pour que les observations permettent de prendre des mesures de sécurité efficaces tandis que tout autour du Pacifique, des observatoires sur les îles regardent passer le tsunami et notent son intensité : le tsunami se manifeste essentiellement lorsqu'on s'approche des côtes, sinon, il ne se traduit que par une grosse vague qui n'a rien de particulier ; dès qu'il s'approche des côtes, il prend des allures catastrophiques. Le système d'alerte pour l'ensemble du Pacifique ne fonctionne pas si mal.

ÉMILE NOËL Nous n'avons pas évoqué une famille différente de catastrophes : les tornades, les cyclones, les tempêtes.

Vague d'un tsunami s'engouffrant dans l'embouchure de la rivière Wailuku à Hawaï (1946). Un élément du pont a déjà été détruit.

Ce sont d'autres colères de la Terre dues à des mouvements atmosphériques.

CLAUDE ALLÈGRE Nous n'avons envisagé jusqu'à présent que les colères dont l'origine est interne. Ce qui est intéressant, c'est que les mouvements internes, dont les vitesses sont de l'ordre du centimètre par an, créent des désastres qui se manifestent sur des échelles de temps de la minute, de l'heure ou de la journée : le transfert d'échelle de temps est extraordinaire. Toute une autre série de catastrophes résultent de dérèglements des mouvements externes. C'est le cas des typhons et des tornades, qui sont terribles ; c'est le cas aussi des inondations. Là, des cycles externes sont en cause, l'intérieur du globe n'a rien à voir.

ÉMILE NOËL Une tornade ou un cyclone peuvent déplacer des volumes d'eau énormes, comme les raz de marée !

CLAUDE ALLÈGRE Il existe des similitudes d'effets. Heureusement, en ce qui concerne les cyclones, on les photographie avec des satellites ; lorsqu'un cyclone apparaît on l'annonce une semaine, quinze jours à l'avance, on le suit très bien. On sait donner l'alerte comme pour un tsunami. Ceci étant, on ne fait, on ne peut faire grand chose. Là encore, comme pour les tremblements de terre, les seuls palliatifs sont les moyens de prévention : il faut construire des maisons un peu plus solides, il faut faire attention...

ÉMILE NOËL Comme les tremblements de terre, les cyclones et les typhons naissent aux mêmes endroits et se dirigent vers les mêmes zones.

CLAUDE ALLÈGRE Ils ne se manifestent pas aux mêmes endroits que les tremblements de terre et les volcans puisque la causalité n'est pas la même, mais en des endroits qui sont dans cette zone inter-tropicale extrêmement éprouvée. La fatalité fait qu'un certain nombre de pays cumulent tout : c'est-à-dire qu'ils sont dans des zones où il y a des tremblements de terre, des volcans et des typhons. C'est une coïncidence, malheureuse certes, mais une coïncidence.

ÉMILE NOËL Comme au Japon...

CLAUDE ALLÈGRE Comme aussi en Indonésie et dans beaucoup de pays sous-développés de l'Asie du Sud-Est. Certaines zones sont incontestablement plus dangereuses que d'autres. Les inondations sont un autre problème. On a tendance à dire : « Les inondations, c'est simple, c'est quand il pleut trop. » C'est le bon sens même mais il y a plus : le réseau hydrographique qui collecte la pluie, qui va finalement donner le fleuve, fonctionne d'une manière plus ou moins effi-

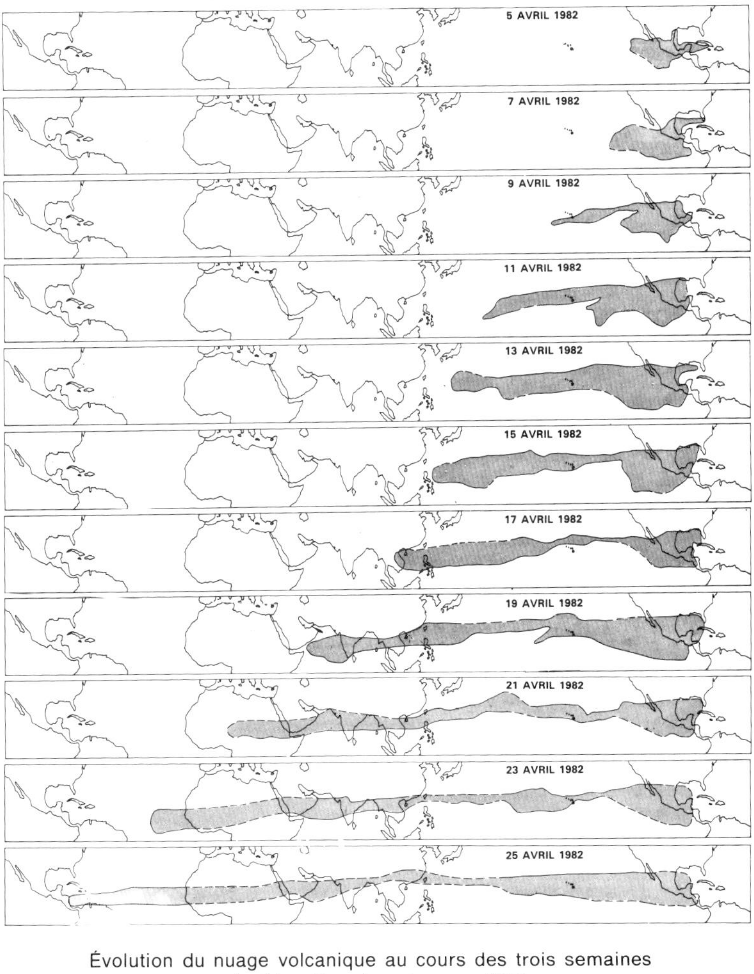

Évolution du nuage volcanique au cours des trois semaines après l'éruption du volcan en 1982.

cace ; lorsqu'un certain nombre de paramètres sont réunis ce collecteur d'eau est saturé et vous avez une inondation.
Les géographes connaissent assez bien les paramètres cruciaux et les causes principales des inondations : ces causes peuvent être naturelles, la structure même du réseau fluvial, elles peuvent être humaines, le déboisement ou des routes de campagne trop bien goudronnées ! La trop grande efficacité de la collecte d'eau peut résulter de l'urbanisation de certaines zones de montagne, ou bien du défrichement comme en Chine : en Chine, les inondations sont terribles parce qu'on a défriché des régions entières et changé ainsi le système de collection d'eau. Là aussi on pourrait, avec un plan dûment étudié, minimiser probablement ces inondations qui ont d'énormes conséquences économiques. En France, les crues de la Garonne, du Rhône et de la Saône sont périodiques et les inondations grandement préjudiciables.

ÉMILE NOËL Certains dommages sont réversibles, d'autres pas : toutes les terres fertiles emportées lors des inondations sont définitivement perdues.

CLAUDE ALLÈGRE Absolument. Mais d'autres terres sont apportées par les inondations comme lors des crues du Nil. Il faut aussi savoir cela.

ÉMILE NOËL Comment pourrait-on enfin dépasser les données statistiques pour arriver à une prévision déterministe, faire une théorie des catastrophes ?

CLAUDE ALLÈGRE On commence à discerner une logique derrière toutes les catastrophes et cette logique c'est ce qu'on appelle la physique des instabilités. Tous ces phénomènes qui dégénèrent en catastrophes sont régis par des équations physiques non linéaires et, en même temps, couplées, corrélées. Ces équations montrent comment un phénomène lent va, par une espèce de cascade, se transformer en une véritable catastrophe et une explosion.
Dans la même optique, la physique des instabilités nous fixe les limites de nos prévisions. Par exemple, on ne peut pas prévoir le temps météorologique très longtemps à l'avance, et on ne le pourra jamais parce qu'il y a une instabilité dans les équations du climat.

Un exemple classique est « l'effet papillon » : le battement d'aile d'un papillon du Brésil peut bouleverser le climat à l'autre extrémité du Globe ! De la même façon je ne crois pas qu'on sera jamais capable de dire six mois à l'avance : « Il se produira à cet endroit une éruption volcanique, le 12 février, à 12 h 30 ! ». C'est exclu. Par conséquent, l'étude des phénomènes d'instabilité non linéaire nous permettent de mieux comprendre et de mieux décrire ces catastrophes, tout en bornant nos ambitions. Nous avons envisagé l'instabilité du réseau fluvial ; les instabilités qui donnent des éruptions volcaniques ; les instabilités mécaniques qui se traduisent par des séismes ; les instabilités atmosphériques qui déclenchent des cyclones, etc... Finalement, dans 10 à 15 ans, une physique des catastrophes synthétisera tous ces mécanismes.

ÉMILE NOËL Et fixera une certaine limite à notre compréhension de la complexité.

CLAUDE ALLÈGRE Elle établira plutôt les limites de l'accès au déterminisme.

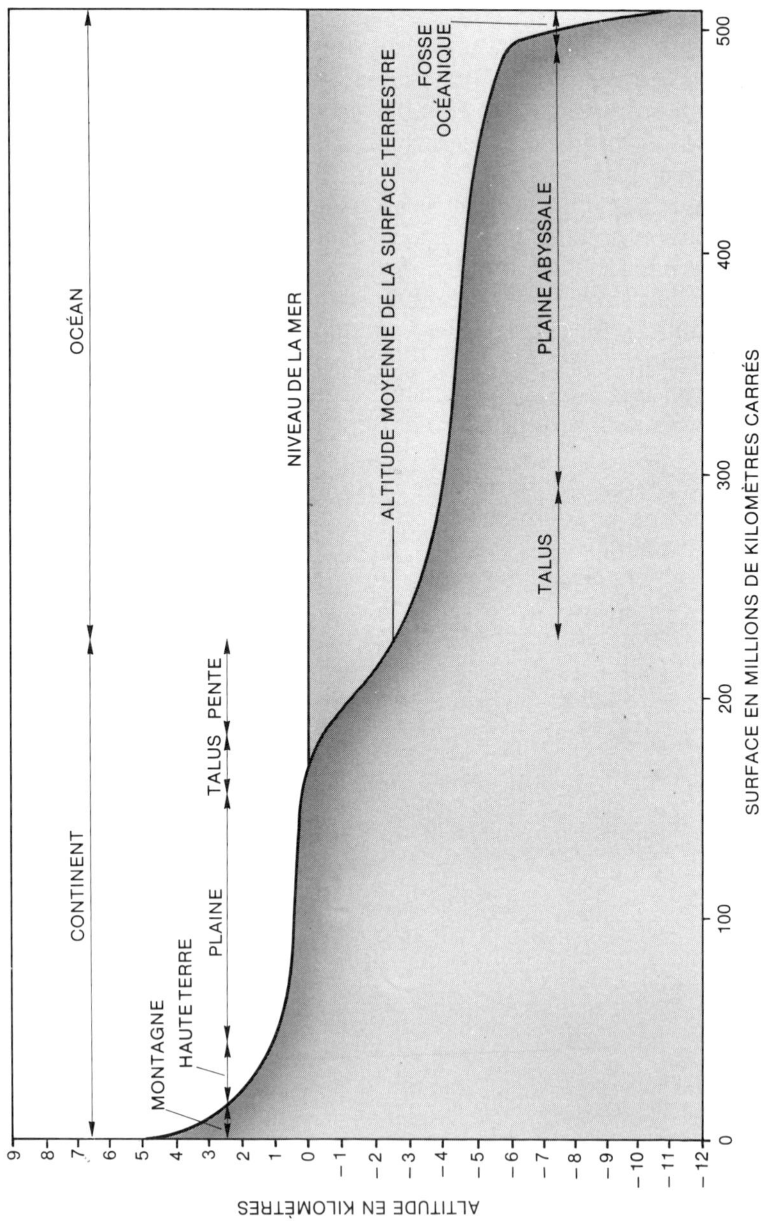

Répartition des altitudes à la surface de la Terre.

CHAPITRE 7

LES RELIEFS DE LA TERRE

ÉMILE NOËL Le relief de la Terre, en perpétuelle évolution, est déterminé par les interactions de trois composantes à la surface de la Terre : l'atmosphère, les continents et les océans. Vue de loin, la Terre est une boule presque ronde et apparemment sans relief : les altitudes des reliefs ne sont pas très importantes par rapport au rayon de la Terre.

CLAUDE ALLÈGRE Les plus importants dénivelés atteignent à peu près dix kilomètres : le plus grand écart d'altitude sépare le fond marin avoisinant les îles Hawaii et le sommet du grand volcan d'Hawaii, le Mauna Loa. D'autre part le sommet du Mont Everest surplombe à huit mille et quelques mètres le niveau de la mer. Ces reliefs terrestres ont deux causes : d'une part – et c'est la cause la plus importante, la plus générale et la plus significative – la collision des continents qui crée les chaînes de montagnes et, d'autre part, le volcanisme, par lequel le magma de l'intérieur du Globe remonte vers la surface. Cette création du relief est contrebalancée par la destruction des reliefs, destruction due à l'interaction de l'atmosphère et de l'hydrosphère avec le milieu rocheux, par l'intermédiaire du cycle de l'eau qui tend à tout raboter au niveau de la mer.

ÉMILE NOËL C'est ce qu'on appelle l'érosion.

CLAUDE ALLÈGRE Tout au long de l'histoire géologique, cette alternance de création de reliefs et de destruction de reliefs se fait, non pas simultanément dans toutes les zones du Globe, mais ici et là. Création de reliefs, création de montagnes à tel endroit, destruction par l'érosion en d'autres. La grande totalité, la grande majorité des continents ont été un jour des montagnes ; même les parties qui sont non seulement plates mais en creux, comme le fond du Bassin de Paris, ont été, il y a trois cent vingt millions d'années, des montagnes. Ces montagnes ont été érodées, transformées en plaines, en pénéplaines, qui ont été ensuite envahies par la mer et où des sédiments se sont déposés. Le grand mécanisme générateur de continents, c'est la formation des montagnes.

ÉMILE NOËL Il fut un temps où l'on pouvait penser que l'érosion perdurant ainsi pendant des millions d'années, la Terre allait perdre tout relief. On sait aujourd'hui que c'est faux, puisque, parallèlement à l'érosion, il y a création de différences c'est-à-dire créations d'altitudes.

CLAUDE ALLÈGRE En permanence. Le relief de la Terre est un combat permanent entre l'érosion qui tend à transformer la Terre en une boule lisse et les mouvements internes qui créent les aspérités du relief.

ÉMILE NOËL Mais les vitesses de ces phénomènes ne sont pas égales : les échelles de temps de la création de montagnes et de l'érosion sont très différentes.

CLAUDE ALLÈGRE La création de reliefs est plus rapide que la destruction de reliefs parce que si la destruction était plus rapide que la formation les reliefs n'existeraient pas. Un volcan se forme en trois cent mille ans environ, une montagne en 3 à 5 millions d'années. Ces reliefs s'érodent en trente, quarante, cinquante, cent millions d'années parfois : un à deux ordres de grandeur séparent les durées de destruction des reliefs des durées de formation des reliefs. Si la formation des montagnes est plus rapide que l'érosion, la fréquence de cette formation n'est pas telle que les reliefs soient omniprésents. Imaginez la Terre prise d'une fièvre volcanique extraordinaire : on aurait des reliefs partout. Il semblerait même qu'à une certaine époque de l'histoire de la Terre, à sa naissance, les reliefs aient été plus marqués qu'à l'époque actuelle.

ÉMILE NOËL Est-ce qu'il existe différents modes d'érosion ?

CLAUDE ALLÈGRE La première étape de l'érosion est l'altération des roches : les roches fraîches se transforment en

roches décomposées. Après décomposition ces roches sont transportées, des parties les plus élevées, vers les parties les plus basses et l'ensemble de ce processus constitue l'érosion des reliefs.
Quels sont les grands agents de l'érosion ? Le pluriel est singulier : l'agent unique, c'est l'eau. Toute la responsabilité de ce cycle revient à l'eau, nous avons étudié ce cycle de l'eau, et à la gravité qui tend à ce que l'eau descende des sommets vers l'océan. Le double mécanisme de l'érosion est ainsi à la fois chimique et mécanique.
L'eau, nous l'avons vu dans le chapitre 6, est un agent corrosif extrêmement puissant qui dissout un certain nombre d'éléments chimiques et, par là même, désosse, décompose les roches. Et puis, l'eau a une certaine énergie cinétique et donc transporte mécaniquement un certain nombre de roches décomposées. Ce qui est très intéressant, c'est que l'agent chimique prépare le travail de l'agent mécanique et vice-versa. L'action chimique est une action lente, presque permanente ; l'action mécanique est, au contraire, discontinue. Regardons une rivière : elle véhicule de la boue le jour où il y a des orages mais, la plupart du temps, elle ne transporte rien. Ces deux mécanismes sont conjoints : il n'y a pas de possibilité de transport mécanique sans action chimique préalable de décomposition des roches ; vice-versa, sans transport mécanique, l'action chimique s'arrête rapidement parce que les éléments solubles disparaissent et ne laissent que les éléments insolubles. L'eau ne peut pas pénétrer en profondeur, sur plus de quelques mètres et, par conséquent, un tapis de roches érodées protège le sol. Au contraire, quand le sol est desquamé, la roche fraîche apparaît en surface et l'érosion chimique a une nouvelle pâture.

ÉMILE NOËL De plus le ruissellement amène de l'eau fraîche susceptible de dissoudre les roches.

CLAUDE ALLÈGRE Le ruissellement, la pluie, alimentent le sol en eau avide de sels. Toutefois le mode d'action de ces deux agents n'est pas le même. En gros, l'érosion mécanique dépend essentiellement de la pente et donc, pratiquement, du relief : les pentes sont plus fortes sur les reliefs élevés qu'au niveau des plaines. L'érosion mécanique dépend du relief.

ÉMILE NOËL De l'altitude ?

CLAUDE ALLÈGRE De l'altitude. On peut comparer, à l'échelle des continents, la quantité de matériau charriée par les fleuves et l'altitude moyenne des continents. Ces comparaisons montrent que l'Asie est le continent où l'érosion est la plus forte et que c'est aussi le continent le plus élevé (plus de mille mètres d'altitude moyenne).
L'érosion chimique est, quant à elle, déterminée par le climat. Les lois de la dissolution sont activées par la température : quand la température augmente de dix degrés, la vitesse de dissolution double. Donc, l'intensité de l'érosion chimique est fonction des zones climatiques et, en cela, elle est fonction à la fois de la latitude et du relief.
La synthèse de ces effets est intellectuellement séduisante : l'érosion se manifeste, au départ, par une action extrêmement désordonnée, une action de ruissellement sans grande organisation et puis, les photos d'avions et de satellites nous le prouvent, un réseau fluviatile s'organise qui ressemble à des nervures de feuilles.
Sur les reliefs jeunes, les fleuves ou rivières sont plus ou moins parallèles et à pentes très rapides ; puis, à mesure que le relief s'atténue, le réseau se diversifie, des nervures naissent ; ce réseau fluviatile en nervures de feuilles obéit à des lois extrêmement précises que les géographes ont débroussaillées depuis une quarantaine d'années. Le pionnier dans ce domaine est un ingénieur américain Robert Horton, qui a publié ses travaux en plein milieu de la Deuxième Guerre mondiale ; cette théorie constitue un exemple extraordinaire de la naissance de l'ordre, d'une auto-organisation naturelle, à partir du chaos.

ÉMILE NOËL On passe du ruissellement anarchique à des petits torrents, puis à de gros torrents, puis à des rivières avec leurs affluents, puis aux fleuves.
Dans cette vision, il y a diversification puis confluence vers les grands éléments que sont les fleuves ; l'explication du phénomène, comme la lumière, vient d'en haut.

CLAUDE ALLÈGRE Cette description est intéressante mais fausse. En effet, l'érosion « remonte » : tout ce qui gouverne l'érosion vient du bas. Le phénomène peut être imagé par la

dynamique d'une file d'automobiles à un feu rouge : le feu rouge arrête les automobiles qui avancent dans une direction et l'onde d'arrêt de l'automobile recule par rapport à la direction des automobiles.
L'érosion, c'est la même chose. L'eau descend, bien sûr, des reliefs vers le bas mais le profil d'érosion, en fait, remonte du bas vers le haut, et, pour la raison simple qu'au bas d'une pente il passe plus d'eau qu'en haut : le haut d'une pente ne canalise que l'eau qui est tombée localement alors qu'en bas de la pente, conflue toute l'eau qui est tombée sur la pente. Les réactions chimiques étant proportionnelles à la quantité d'eau, c'est en bas d'une pente que l'érosion est la plus forte.

Topographie des montagnes jeunes et vieilles.

Donc, l'érosion remonte. Le grand fleuve ne résulte pas de la confluence d'une série de fleuves réunis pour faire un grand fleuve : le grand fleuve, le fleuve principal, c'est le petit ruisseau qui a démarré l'ensemble du réseau, qui a grossi, et qui a fabriqué ses affluents. Et ce sont ces affluents qui ont fabriqué à leur tour leurs affluents. L'apparence est trompeuse : c'est l'aval qui gouverne l'amont.

ÉMILE NOËL Hélas, la géographie actuelle ne rend pas compte du processus de formation des réseaux hydrographiques.

CLAUDE ALLÈGRE Et c'est dommage. Trop de gens ignorent encore ce mécanisme incontestable, même des pseudo-spécialistes. Un deuxième aspect de l'érosion est fascinant : le total des sédiments qui sont apportés à la mer est de l'ordre de grandeur de quatre kilomètres cubes par an, pour toute la Terre. C'est en gros la quantité de matériaux érodés qui sont apportés aux océans, qui transitent du continent à l'océan. On peut comparer ce chiffre aux deux kilomètres cubes (environ) de gravier, de sable, charriés par l'homme pour les constructions.
Notons que la logique de l'homme est différente : l'homme, la civilisation, remonte les pentes ; il ne se soucie pas des lois de la gravité pour construire des résidences secondaires. En conséquence, l'homme est un agent géologique dont on ne peut pas prévoir l'effet d'une manière simple : l'homme perturbe considérablement la manière dont l'érosion agit sur la planète, et ce au-delà de son action sur le climat ou l'aménagement des forêts. Le transport humain des matériaux est un phénomène fondamental.

ÉMILE NOËL On a envisagé l'érosion, les réseaux fluvatiles, mais pas leurs effets sur la fertilité des sols.

CLAUDE ALLÈGRE Le troisième facteur, déterminant pour le paysage mais pas indépendant des deux autres, c'est la végétation ; l'érosion dépend de la végétation, en particulier l'érosion mécanique : chacun sait que les racines des arbres retiennent les particules solides et limitent l'érosion mécanique. Le sol c'est ce qui reste lorsque l'érosion chimique a accompli son œuvre, et avant que l'érosion mécanique n'ait trop agi. C'est ça un sol : une petite pellicule d'épaisseur de l'ordre du mètre qui recouvre la Terre, une toute petite pellicule.

Rappelons-nous six mille quatre cents kilomètres de rayon, un mètre de sol : ce n'est même pas un épiderme mais une infime pellicule. Ces sols, parce qu'ils sont divisés, parce qu'ils permettent à la végétation de s'implanter, sont une source de richesses pour l'homme et reflètent à la fois le relief et l'implantation géographique. Le premier facteur de répartition des sols, c'est la latitude avec une petite complication supplé-

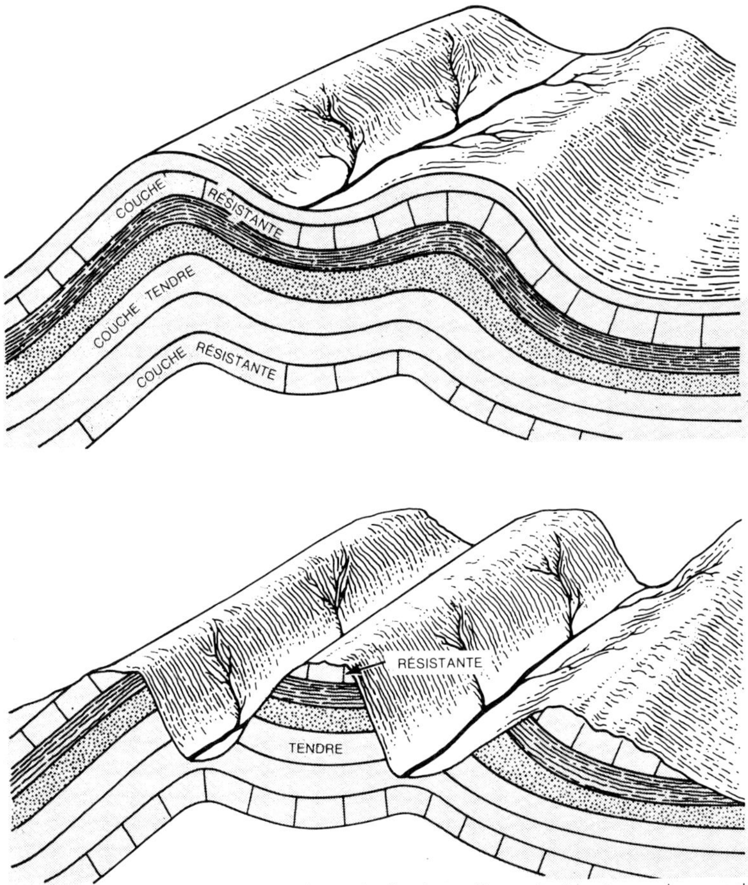

En haut, topographie conforme (c'est-à-dire les selles coïncidant avec les synclinaux et les bosses avec les anticlinaux). En bas, topologie inverse.

mentaire : la répartition continent/océan agit également sur le régime climatique et le système de distribution de l'eau. Il y a essentiellement des sols spécifiques des climats tempérés et des sols tropicaux.
Pourquoi les climats tempérés ont-ils des sols plus fertiles que les autres ? Parce que, paradoxalement, sur les sols tropicaux on trouve beaucoup trop d'eau, beaucoup trop d'érosion et que ces sols s'appauvrissent très rapidement alors que la température est favorable à la végétation. Finalement les sols tropicaux deviennent des sols extrêmement pauvres, les latérites riches en fer et en aluminium. A l'inverse, dans les régions de latitude élevée, le sol est gelé la plupart du temps et il n'y a pas beaucoup d'eau ; par conséquent, l'érosion mécanique est souvent intense mais l'érosion chimique est réduite.
Les zones tempérées sont des zones de juste milieu entre ces deux extrêmes : elles ne sont pas trop érodées, les sols ne sont pas trop appauvris, mais la roche est suffisamment divisée pour permettre à la végétation de s'implanter.

ÉMILE NOËL Ainsi, entre les cas extrêmes que sont d'une part les glaciers, les zones polaires et, d'autre part, les déserts répartis plus ou moins anarchiquement, il y a notre glèbe féconde aux sèves éternelles.

CLAUDE ALLÈGRE Examinons d'abord les zones glaciaires ; les deux calottes polaires sont recouvertes de glace. A la distinction près que le pôle Sud est un continent, et que le pôle Nord n'est pas un continent ; autour du pôle Nord, il y a toute une zone de toundras, une zone périglaciaire où le transport par l'eau joue un rôle bien moindre, où durant une bonne partie de l'année tout est bloqué, où il y a des périodes de dégel, etc...
Les déserts, quant à eux, sont dans des zones réparties non pas n'importe où mais au centre des continents, où il n'y a pas d'eau. C'est ça le problème du désert ; il y a des déserts glacés, le désert de l'Antarctique, et puis il y a des déserts, ce sont les plus communs, qui sont très chauds, sans eau, et qui sont dus à des répartitions microclimatiques qu'on ne comprend pas très bien. On ne saisit pas encore très bien comment se créent les déserts, dont la formation semble autoaccélérée.

Par exemple, le désert en Afrique était en expansion jusqu'à ces toutes dernières années et il semble qu'on soit actuellement dans une phase (un certain nombre de quaternaristes l'avait prévue) de récession du désert : les problèmes du Sahel, vont graduellement régresser pendant quelques années ; pas définitivement mais statistiquement, dans les vingt ou trente années à venir, on pense qu'ils vont régresser. Le déterminisme exact, on ne le sent pas bien, on ne le connaît pas bien. Notre méconnaissance parfois irrémédiable de l'atmosphère, de la répartition des vents et, nous l'avons déjà évoqué, de la météorologie, implique et explique notre impossibilité d'expliquer la répartition des déserts.

ÉMILE NOËL Un dernier point : quelle est la différence entre le Nord et le Sud ?

CLAUDE ALLÈGRE La différence entre le Nord et le Sud est la proportion des continents. Le Sud est une région essentiellement océanique et l'ensemble des terres émergées du monde est décalé vers le Nord. Dans l'hémisphère Sud, vous n'avez pas de nombreux continents : l'Australie, un bout de l'Amérique du Sud, un bout de l'Afrique.
Cette répartition a des conséquences évidemment économiques. Les zones de climat tempéré sont en majorité dans l'hémisphère Nord, où se trouvent les pays les plus développés. Ce n'est pas un hasard : les sols sont riches et les hommes s'y sont installés. L'homme a négligé les autres zones, inhospitalières.

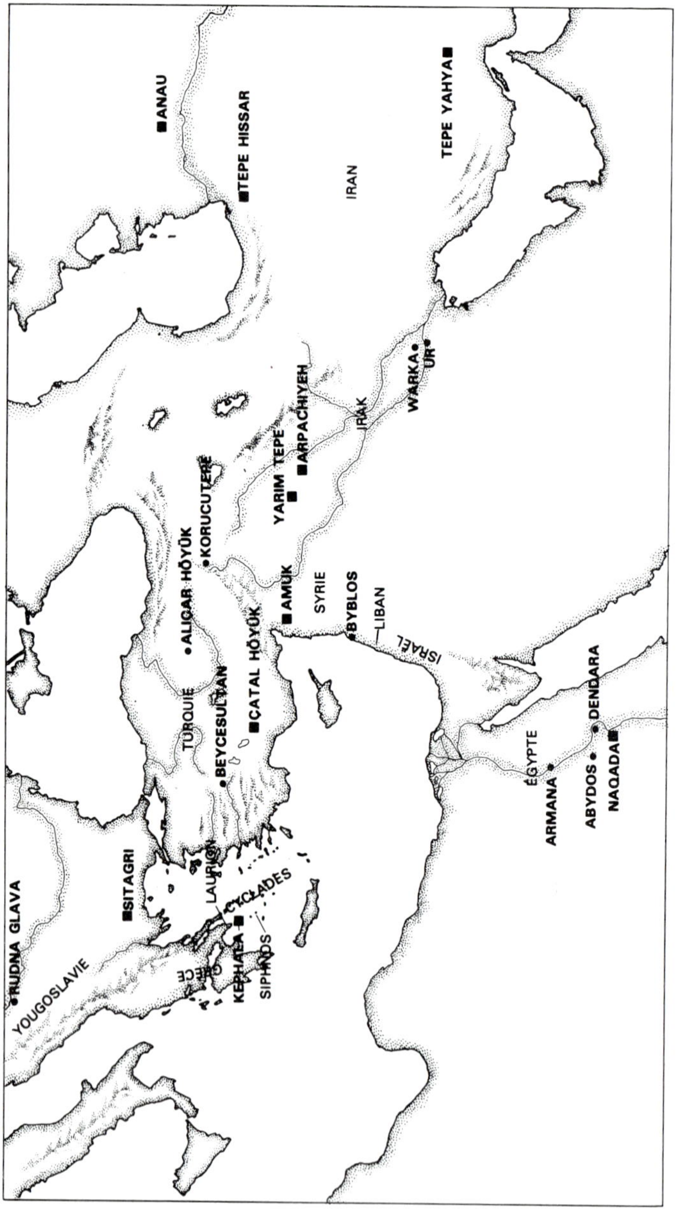

Les preuves d'extraction de cuivre et de plomb par fusion ont été retrouvées sur les sites indiqués par des carrés. Les premiers sites datent du IIIe millénaire avant J.-C.

CHAPITRE 8

LES RICHESSES DE LA TERRE

ÉMILE NOËL Les richesses de la Terre, du moins les richesses exploitables, sont en surface : sur le sol lui-même, où elles permettent l'agriculture, en sous-sol et au fond des océans.

CLAUDE ALLÈGRE Nous avons examiné le sol et nous allons traiter du sous-sol. Ce sous-sol exploitable n'est pas très profond puisque les forages actuels sont tous à moins de dix kilomètres de profondeur.

ÉMILE NOËL Il y a très très longtemps que les hommes exploitent le sous-sol pour extraire la pierre dans des mines de silex, puis les métaux.

CLAUDE ALLÈGRE On sait que, très vraisemblablement, la découverte du fer a été accidentelle : les Anciens ont d'abord utilisé le fer presque pur des météorites : puis, l'homme a trouvé comment réduire le fer, c'est-à-dire comment transformer le fer, dispersé à l'état d'oxyde de fer rouge dans les sols latéritiques, en métal utilisable. Vraisemblablement, cette découverte s'est faite quand ils ont fait du feu, avec du charbon, sur un sol latéritique : ils se sont aperçus de l'existence de petits morceaux de fer. Ainsi, l'homme a découvert la métallurgie.
Dès lors, il a cherché à exploiter le fer dans les cendres du foyer, ce qui était finalement très facile puisque le fer est un élément très abondant à la surface de la Terre ; nous revenons toujours au paramètre d'abondance qui est un paramètre essentiel.
La première exploitation de bronze est un peu plus mystérieuse parce que les associations de minerais d'étain et de

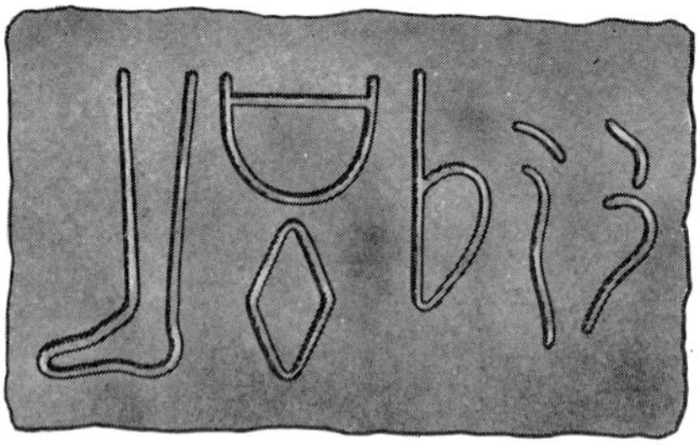

Hiéroglyphe d'une météorite signifiant « fer tombé du ciel ».

cuivre ne sont pas finalement si fréquentes, mais l'énigme est aujourd'hui élucidée. Et puis, il y eut évidemment les métaux précieux : l'homme a trouvé l'or et a vu que ce métal avait des propriétés extraordinaires ; d'abord, son éclat est agréable ; deuxièmement, il ne s'altère pas et, par conséquent, cet éclat ne se ternit pas avec le temps contrairement à l'argent, par exemple, qui s'oxyde ; d'autre part il est rare. Donc, l'homme a recherché l'or pour en faire des parures.
Les deux clés de la recherche des métaux sont en premier l'utilité : l'homme a utilisé les métaux directement pour faire des armes...

ÉMILE NOËL ... et en second l'abondance.

CLAUDE ALLÈGRE Et l'abondance. Les métaux précieux ont été utilisés pour la décoration, valeur d'usage, et puis pour l'échange : à partir du moment où la notion de valeur d'échange est apparue on a fait de ces métaux une monnaie. L'intérêt des métaux précieux a déclenché les recherches des gisements minéraux à la surface de la Terre. Petit à petit, en fonction des besoins et en fonction des découvertes, l'un guidant l'autre, l'homme a enrichi sa panoplie des métaux exploitables. Certains métaux ont la propriété de se concentrer dans les roches : à partir du moment où ils étaient concentrés, on s'est demandé si on ne pouvait pas les utiliser et parallèlement on les a cherchés de plus en plus. On a exploité le cuivre, l'argent et, petit à petit, l'ensemble des métaux utiles, jusqu'à la période moderne où on s'est aperçu que des métaux comme le tungstène, le molybdène étaient aussi extrêmement utiles à l'homme. Ainsi est née une discipline géologique qui s'appelle la métallogénie, où l'on recherche la répartition des métaux à la surface de la Terre. A quelles lois obéit-elle ? Comment les cherche-t-on ?

ÉMILE NOËL Et puis, en plus des métaux, tous les corps composés : le sel, les phosphates, etc...

CLAUDE ALLÈGRE Ces éléments, le sel, le sodium, le chlorure de sodium, sont aussi assez abondants. Le sodium est dans l'ordre des abondances, le dix ou douzième élément. Le phosphore est aussi assez répandu. Le sel, on l'a exploité très tôt dans les marais salants avant de le trouver dans les mines de sel, qui sont d'anciens marais salants. Les mécanismes de formation des phosphates sont plus compliqués mais on a trouvé également des gisements de phosphates et on les a exploités. Les phosphates n'ont été utilisés vraiment qu'au moment où on s'est rendu compte que c'étaient des engrais. C'est la même chose pour les nitrates ; on ne les a exploités qu'à partir du moment où le développement de l'agriculture a montré qu'ils étaient utiles en tant qu'engrais. Ces richesses non métalliques se sont formées par le même processus théorique de concentration, lequel est guidé par la géologie.

ÉMILE NOËL Ces ressources n'apparaissent pas à l'état pur mais sous forme de composés chimiques.

CLAUDE ALLÈGRE Seuls quelques métaux existent à l'état natif ; la plupart sont des composés : des sulfures, des arséniures, des sulfoarséniures, des oxydes. Les dépôts de phosphate ou les dépôts de chlorure sont des accidents locaux du cycle externe normal et, en particulier, de la sédimentation : ce sont des sédiments. Les dépôts de calcaire ne sont pas très différents des dépôts de silice ou de minerais de fer à la surface.
Les gisements minéraux résultent de la circulation des eaux chaudes dans la terre : ces eaux collectent, dissolvent des métaux et les reprécipitent en d'autres endroits privilégiés. La grande avancée théorique dans la connaissance des gisements minéraux de ces vingt dernières années, c'est la distinction entre les sources de chaleur qui chauffent ces eaux et la source des métaux eux-mêmes. Les métaux sont dispersés dans l'écorce terrestre et sont généralement rassemblés par ces eaux ; ils ne viennent pas de l'intérieur.

La vieille croyance que tous les métaux venaient de l'intérieur du Globe et étaient éjectés à la surface est fausse : la plupart des métaux se trouvent à la surface de la Terre, dans les roches de sa surface et sont collectés par les eaux chaudes. En revanche, la chaleur vient de l'intérieur du Globe.

ÉMILE NOËL Les grandes ressources de la Terre sont les carburants tels que le charbon, le pétrole et le gaz naturel ?

CLAUDE ALLÈGRE Le charbon a amené l'essor de la géologie au milieu du dix-neuvième siècle ; ce fut aussi le grand élément de l'essor économique de l'Europe, en Angleterre, en Allemagne, et puis, à un moindre degré, en France où nous avons suivi avec un petit décalage. Le charbon, qui reste une ressource énergétique extrêmement importante est, comme les phosphates ou les calcaires, un accident de la sédimentation. Les sédimentations qui ont donné du charbon ont eu lieu dans des régions privilégiées comme des mangroves ou des bordures de continent où il y avait une abondante végétation brutalement détruite et accumulée.
Ce qu'on ne sait pas très bien encore actuellement c'est si les dépôts de charbon, importants à l'ère primaire dans le Carbonifère (d'où vient le nom de cette période), sont dus au fait que cette époque a été particulière dans l'histoire de la Terre, (flore luxuriante suivie d'une destruction massive pour une raison climatique) ou bien si ces dépôts résultent de conditions exceptionnelles de conservation. Autrement dit, le charbon s'est-il formé continuellement au cours de l'histoire de la Terre et les strates carbonifères ont-elles été exceptionnellement bien préservées ou bien l'époque carbonifère a-t-elle vu une sédimentation charbonneuse particulière ? Voilà le problème théorique que l'on se pose sur le charbon.
Le problème économique c'est le problème de l'exploitation : le charbon facile, le charbon de surface, en France et en Europe, a été exploité et, maintenant, le charbon est un charbon profond, d'accès difficile : par conséquent, son importance économique décroît. Les Charbonnages de France avaient trois cent cinquante mille employés à la Libération ; ils sont maintenant sur le chemin de n'en avoir que trente mille et même moins. L'importance du charbon en France a beaucoup diminué.

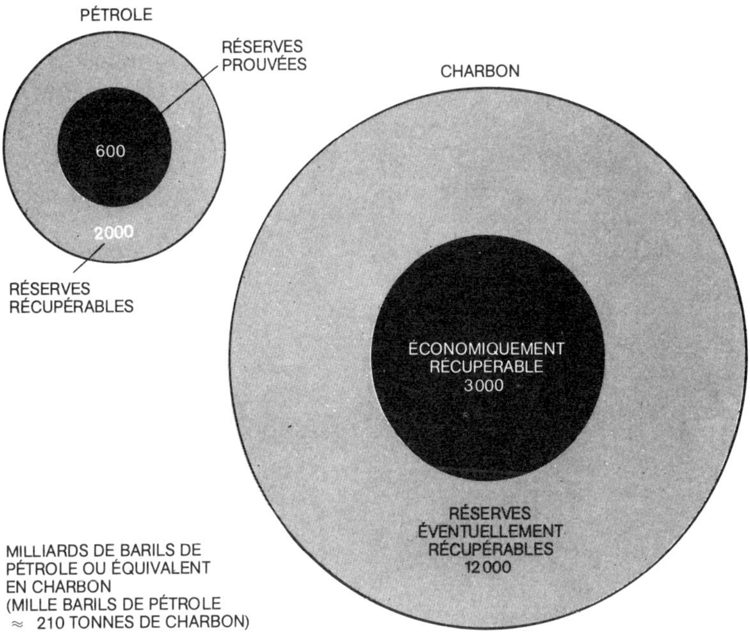

Comparaison entre les réserves de pétrole et de charbon.

ÉMILE NOËL En revanche l'exploitation du pétrole et du gaz naturel s'est beaucoup développée.

CLAUDE ALLÈGRE Du pétrole surtout, parce que le pétrole a deux avantages essentiels par rapport au charbon. D'abord, il est très répandu : l'exception n'est pas les bassins pétroliers mais les bassins qui ne sont pas pétroliers. J'ai un certain espoir qu'on trouve encore un peu plus de pétrole dans le Bassin de Paris qui ne peut être une exception géologique. Ensuite, le pétrole est très bon marché ; si vous faites un trou dans une roche qui est imprégnée de pétrole en profondeur, le pétrole monte à la surface et vous l'exploitez par tonne d'une manière très simple. Le prix de revient de la recherche du pétrole est finalement énorme parce qu'il faut, pour le trouver, des forages coûteux ; mais dès que vous l'avez trouvé, il suffit de très peu de monde pour l'exploiter. Enfin, évidemment, la combustion du pétrole et en même temps la transformation du pétrole en tant que matière première sont

des processus qui, chimiquement, sont beaucoup mieux maîtrisés que celui du charbon. La carbochimie existe mais elle est moins riche que la pétrochimie.
On comprend beaucoup mieux aujourd'hui comment le pétrole s'est formé : l'Institut Français du Pétrole à Paris est à la pointe des recherches sur la formation du pétrole ; une idée, apparue ces dernières années, est que la distribution géographique des gisements de pétrole n'est peut-être pas quelconque. Le pétrole résulte de la dégradation de matières biologiques anciennes. Aussi un gisement est-il toujours dans une zone intertropicale, parce que c'était une zone de très grande productivité biologique. Ensuite, il a fallu une source de chaleur, de chauffage, ce qui limite la répartition géographique des gisements et, enfin, des conditions structurales sont nécessaires pour que le pétrole piégé ne s'échappe pas. On commence seulement à comprendre ces conditions. Il semble ainsi que la formation des chaînes de montagnes, avec tout son cortège de phénomènes et, en particulier, de production de chaleur, chasse le pétrole devant elle : les gisements d'Arabie auraient été chassés par la formation des plissements du Zagros ; les gisements du Texas auraient été chassés par les plissements de l'Est américain, les gisements de l'Ouest du Montana auraient été chassés par la formation des Rocheuses.
Le problème de la formation du pétrole n'est pas économiquement à l'ordre du jour car le pétrole est abondant et la prospection pétrolière est aujourd'hui très ralentie. Il y a quinze ans, on se préoccupait beaucoup de trouver du pétrole, actuellement, on se préoccupe davantage de mieux exploiter les puits existants. Le pétrole est un liquide et un gaz qui imprègnent les roches et, par conséquent, extraire le pétrole c'est comme expulser l'eau de votre serpillière, sauf que la serpillière est faite de roches ; par conséquent, il faut pomper le pétrole qui tend à être retenu dans les interstices des roches et il faut l'extraire ; et on se préoccupe plus de la rentabilité de l'extraction que de trouver de nouveaux champs.

ÉMILE NOËL L'uranium est aussi une nouvelle source de richesse que contenait la Terre.

CLAUDE ALLÈGRE Absolument : l'uranium est un métal qui se concentre comme l'or, le cuivre, l'étain, le tungstène, le

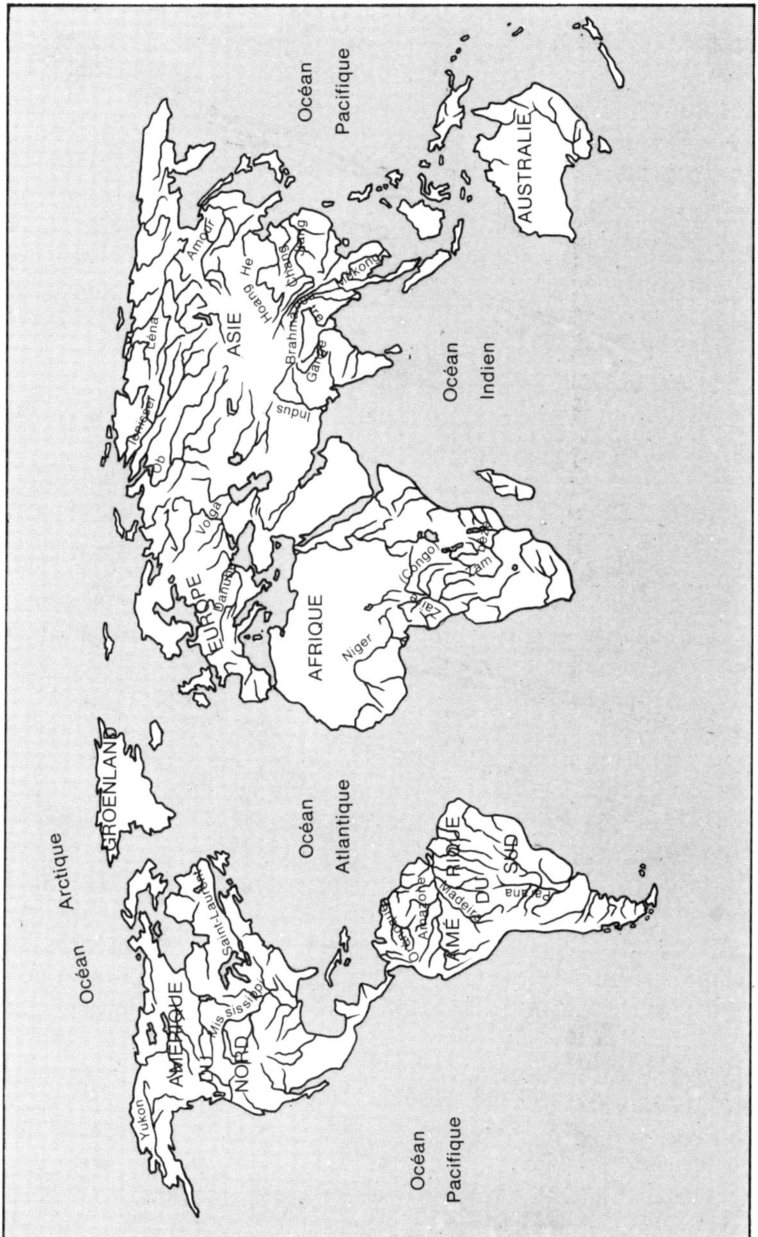

Carte des grands bassins fluviaux dans le monde.

molybdène. Longtemps l'uranium ne fut qu'une curiosité : nous avons vu qu'un minéralogiste tchécoslovaque a offert à Becquerel un morceau d'uranium et ce beau minerai jaune a permis de découvrir la radioactivité. L'uranium est assez abondant à la surface de la Terre par rapport à nos besoins ; la France n'est pas pauvre en uranium, ce qui explique en grande partie le développement du nucléaire français : cette source d'énergie assure à notre pays une assez grande indépendance. En plus, d'autres pays, africains en particulier, en contiennent et, par conséquent, nous avons une certaine sécurité d'approvisionnement.

ÉMILE NOËL Une richesse que nous avons mentionnée dans un précédent chapitre, une richesse toute simple parce qu'elle est effectivement très fréquente, c'est l'eau.

CLAUDE ALLÈGRE L'eau, c'est la richesse. Nous savons que c'était un agent géologique fantastique, l'élément essentiel pour concentrer les métaux. C'est l'élément de l'érosion, l'élément numéro un pour la vie. Cette eau, il faut la préserver. Certes, il y a l'océan, mais l'océan, c'est de l'eau salée et malheureusement le dessalement de l'eau de l'océan est très difficile et coûte très cher. Donc, la préservation de l'eau douce est un problème. On cherche de l'eau ; si on ne cherche plus beaucoup de pétrole en ce moment, on cherche toujours énormément l'eau, pas seulement dans les déserts mais partout ; on cherche surtout de l'eau propre, car l'homme a la mauvaise habitude de polluer l'eau. On a pris un tas de précautions maintenant contre les détergents, etc., et la situation est un tout petit peu moins critique qu'elle ne l'était à une certaine époque, mais la préservation des nappes phréatiques, la non-pollution des nappes phréatiques, c'est toute une gestion de la richesse de l'eau qu'il serait suicidaire de négliger.

ÉMILE NOËL Quand l'eau n'est pas douce elle contient des sels, donc les océans contiennent des richesses minéralogiques ?

CLAUDE ALLÈGRE Il faut distinguer les richesses accessibles des océans, des richesses mythiques. Une première richesse des océans c'est le pétrole. Il n'y a pas de distinction entre les bassins océaniques et les bassins continentaux, si ce n'est

Plate-forme de forage Statfjord B, l'objet le plus lourd jamais déplacé par l'Homme.

dans la technologie de la recherche. Il est beaucoup plus coûteux de maintenir une barge pétrolière en équilibre dans l'océan que de faire un forage à terre, mais le pétrole est néanmoins la grande ressource minière de l'océan.
Une autre ressource sont les nodules polymétalliques sur lesquels on a beaucoup glosé, certainement trop. Ces nodules métalliques sont riches en nickel, en cobalt, en manganèse mais on en trouve l'équivalent dans d'autres types de gisements sur les continents et financièrement, les nodules ne sont pas intéressants ; la preuve en est que les grandes compagnies minières ne se sont pas lancées dans l'exploitation de ces nodules polymétalliques, parce qu'il faut aller les chercher.

ÉMILE NOËL L'accès est difficile...

CLAUDE ALLÈGRE ...par quatre mille mètres de fond ! En suite de quoi ces métaux sont à l'état d'oxyde, ce qui, du point de vue métallurgique, pose des problèmes importants. La mode étant de justifier son existence par de grandes considérations économiques, les institutions océanographiques essaient de nous démontrer que ces nodules polymétalliques sont très importants pour l'économie du monde. Très franchement, je crois qu'il est scientifiquement intéressant de les étudier, mais dans l'état actuel des ressources minières de la planète, ce n'est vraiment pas une priorité économique.

ÉMILE NOËL Et les ressources de l'atmosphère ?

CLAUDE ALLÈGRE Une ressource énergétique est le vent mais elle est exploitée depuis longtemps : il y a belle lurette que les moulins à vent existent. On construit aussi des voiliers pour le transport maritime. La mer pourrait aussi livrer l'énergie des marées. Les scientifiques s'efforcent de domestiquer ces énergies mais je ne pense pas que les résultats soient jamais comparables à ceux obtenus avec le charbon, le pétrole et le nucléaire. L'intérêt de ces trois sources d'énergie est leur polyvalence : le charbon, le pétrole encore plus, permettent d'utiliser l'énergie sous toutes ses formes...

ÉMILE NOËL ...et de plus d'en extraire des produits dérivés.

CLAUDE ALLÈGRE Et d'obtenir des produits dérivés ; l'énergie marémotrice, l'énergie des vents, sont intéressantes mais visiblement, malgré les efforts déployés au moment de la crise de l'énergie, on n'a pas trouvé d'utilisation spectaculaire qui déclenche l'enthousiasme des foules ou des gouvernements.

ÉMILE NOËL Il y a aussi la géothermie.

CLAUDE ALLÈGRE Là, il ne faut pas être trop absolu, trop optimiste ou trop général. L'énergie géothermique est une importante ressource dans les régions volcaniques. Je pense que dans nos départements d'outre-mer, nous pourrions économiser de l'argent en exploitant la géothermie davantage qu'on ne le fait. Les Japonais sont actuellement en train de développer un très vigoureux programme... car ils ont quatre-vingts volcans. L'Islande, comme vous le savez, utilise aussi l'énergie géothermique, tout comme la Nouvelle Zélande, l'Italie *pro parte*. C'est une bonne source d'énergie quand on n'en a pas d'autre. On pourrait certainement chauffer une partie des appartements de Clermont-Ferrand avec l'énergie

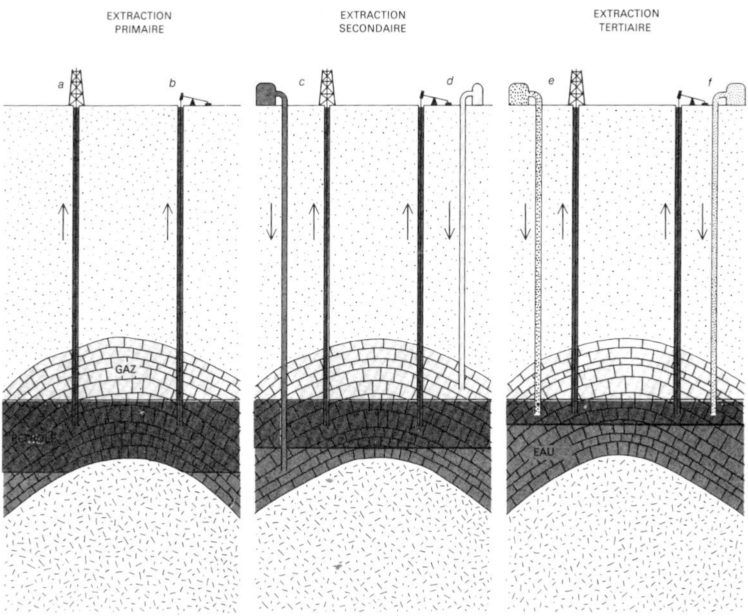

Les trois étapes de l'extraction du pétrole.

géothermique, mais il ne faut pas penser que c'est pour la France une grande ressource énergétique.

ÉMILE NOËL Et le Soleil ?

CLAUDE ALLÈGRE C'est la grande ressource de la Terre parce que, sans le Soleil, nous ne serions pas là. Sans le Soleil pas de cycle de l'eau ; pas de végétation, pas de vie. C'est la formidable source d'énergie : le rayonnement solaire est dix mille fois plus puissant que la chaleur qui vient de l'intérieur de la Terre. Ceci étant, l'énergie solaire est dispersée et personne n'a encore réussi à la concentrer d'une manière économique et efficace de façon à la rendre compétitive avec les autres sources d'énergie. Le solaire « propre » opposé au nucléaire « sale » est un mythe dangereux et inexact. Le Soleil est un réacteur nucléaire et on a le choix entre l'uranium, c'est le nucléaire terrestre, et puis le Soleil, le nucléaire extraterrestre ; mais on ne sort pas du nucléaire.

CHAPITRE 9

LES CLIMATS DE LA TERRE

ÉMILE NOËL Parmi toutes les richesses de la Terre, nous avons mentionné la plus importante : la fertilité de son sol. Or cette fertilité dépend du climat. Nous allons, dans ce chapitre, examiner les climats de la Terre à notre époque. Quelles sont les caractéristiques des climats de la Terre aujourd'hui ?

CLAUDE ALLÈGRE Naturellement, les climats sont fonction de la latitude parce que l'ensoleillement d'une région dépend de sa latitude. Plus on s'approche du pôle, plus l'épaisseur d'atmosphère que les rayons solaires doivent traverser est grande, moins l'ensoleillement est important et, par conséquent, plus la température est faible.
À cela s'ajoute un deuxième facteur qui est l'albédo, c'est-à-dire le pouvoir qu'a la Terre de réfléchir les rayonnements solaires et, donc, de ne pas les absorber ; naturellement, plus l'on va vers le Nord, plus la quantité de neige et de jours de neige est importante et par conséquent, plus la lumière est réfléchie, ce qui contribue encore au refroidissement de ces zones.
D'où l'existence de calotte polaire aux deux pôles et, à l'inverse, d'une région chaude dans la zone intertropicale. La deuxième règle qui fixe les climats est la distribution entre les continents et les océans : l'eau des océans s'évapore et cette eau est transférée sur les continents ; loin des côtes, la pluie est généralement moins abondante et, par conséquent, le climat est plus sec. Dans le détail, la géographie du climat est cependant un peu plus compliquée.

ÉMILE NOËL Je suppose qu'il y a des interactions, des rapports plus ou moins étroits entre chaleur et humidité (ou la répartition de l'eau).

CLAUDE ALLÈGRE Les rapports sont complexes. La circulation atmosphérique, elle-même, est compliquée. Le relief, la distribution des reliefs dépend, nous l'avons vu, de l'histoire géologique ; lorsque les nuages passent au-dessus des reliefs, ils déposent une certaine quantité d'eau et la pluviométrie dépend ainsi des vents et du relief. Par exemple, le fameux désert d'Atacama en Amérique du Sud est très proche de la mer, mais comme il est en haute altitude, c'est un désert. A ce point de vue, la climatologie qui sous-tend la géographie est une science difficile dont nous ne pouvons donner que les grandes lignes.
En très gros, nous avons donc les climats intertropicaux, les climats tempérés, la zone périglaciaire, et puis polaire : en parallèle, la zonation dépend de l'altitude ; au-dessus de 3000 mètres ou 4000 mètres, les climats sont à peu près les mêmes quelle que soit la latitude. Bien sûr, s'ajoutent à cela les saisons, saisons qui sont d'autant plus marquées que l'on s'approche des pôles. Au voisinage de l'équateur, les différences saisonnières sont ténues ; elles sont très fortes au niveau des pôles et, en particulier, les écarts annuels du jour et de la nuit ; elles sont assez bien marquées dans la zone tempérée avec des effets considérables sur la vie, sur les sols, nous l'avons vu : s'il y a trop d'eau et si la température est trop forte, les sols se développent très vite par érosion, mais ils sont également détruits très vite ; dans la zone tempérée, les sols mettent du temps à se développer mais ils tiennent assez longtemps, ce qui est profitable pour l'homme.

ÉMILE NOËL Il ne faut pas confondre climat et météorologie. La météorologie, c'est la façon dont les éléments se composent et créent ce que l'on appelle le temps ; les climats sont évidemment plus stables. Relativement plus stables parce que si l'on étudie leurs variations sur de longues durées, ils sont aussi fluctuants : il a existé différentes ères glaciaires.

CLAUDE ALLÈGRE Effectivement, les climats ont varié au cours des temps géologiques et vont varier dans le futur.
Il y a quelques milliers d'années par exemple, la Terre était dans une ère glaciaire, les calottes polaires descendaient très bas, les glaciers des montagnes étaient plus étendus, au point que les glaciers alpins arrivaient jusqu'à Lyon. Le Canada, la Scandinavie, la Suède actuelle étaient complètement sous la

calotte polaire. Donc l'étendue des glaces était considérable ; pourtant, les scientifiques ont eu beaucoup de mal d'abord à accepter l'existence de ces périodes glaciaires.
Le grand homme de cette controverse fut, au milieu du XIXe siècle, le Suisse Louis Agassiz. Le débat, extrêmement violent, est issu de l'existence, au fond des glaciers, de pierres roulées et striées (elles sont striées parce qu'elles ont été rabotées par le soubassement). Or, on trouvait ces pierres striées un peu partout et en des lieux très éloignés des emplacements actuels des glaciers ou très éloignés des pôles. Deux théories s'affrontaient : celle défendue par Agassiz, et qui stipulait qu'il y avait eu des glaciers en ces lieux parce que des pierres aussi grosses ne peuvent pas être transportées autrement que par des glaciers, et puis, au contraire, des théories très exotiques qui disaient mais non, pas du tout : la mer s'est trouvée là et vous savez il y a des icebergs qui dérivent très loin vers le Sud et ces icebergs transportent des grosses pierres et les laissent tomber.
Les débats furent animés parce que les gens concevaient mal que les climats aient pu changer radicalement au cours des temps. Finalement, la thèse d'Agassiz s'est imposée et on a pu étudier alors en détail les fluctuations du climat. Il s'agit de fluctuation d'ères, mais ce mot d'ères est impropre puisqu'il ne s'agit pas d'ères géologiques au sens propre du terme mais de périodes beaucoup plus courtes : l'ensemble du processus s'est déroulé au Quaternaire en moins d'un million d'années. Pendant ces périodes, les températures moyennes du globe ont fortement varié (il y eut des périodes glaciaires et des périodes interglaciaires).

ÉMILE NOËL Au cours de ces périodes, le niveau de la mer a beaucoup bougé : lors des périodes glaciaires, le niveau de la mer a baissé considérablement puisque c'est l'eau qui sert à faire la glace dans les calottes, et à l'inverse...

CLAUDE ALLÈGRE Absolument. Si aujourd'hui l'ensemble des calottes glaciaires fondait, le niveau de la mer monterait de cent mètres et serait au niveau du premier étage de la Tour Eiffel : une bonne partie de la France serait complètement noyée ; cela se produira probablement dans les dizaines de millénaires qui vont suivre parce que nous sommes actuellement dans une période interglaciaire. Inutile de dire que les Pays-Bas seront, depuis longtemps, complètement submergés.

ÉMILE NOËL Hélas, leurs digues seront inutiles !

CLAUDE ALLÈGRE Les périodes glaciaires correspondent à un retrait de la mer, et dans les périodes interglaciaires complètes, il y a, au contraire, élévation du niveau de la mer. Nous sommes dans un interglaciaire, mais dans un interglaciaire doux, c'est-à-dire qu'actuellement la calotte polaire n'est pas très importante. L'éventualité existe que, par suite d'une élévation de température du globe, due à l'homme, la calotte polaire fonde.
Comment connaît-on l'existence de ces périodes glaciaires et interglaciaires, de cette évolution du climat ? Depuis une trentaine d'années, on a développé des méthodes extrêmement variées et extrêmement puissantes d'étude des enregistrements de ces périodes. La première de ces méthodes est fondée sur la variation d'abondance des isotopes de l'oxygène, abondance qui dépend de la température. Cet oxygène se combine au carbone et au calcium pour constituer les squelettes des animaux, squelettes qui donneront les fossiles. Lorsqu'on analyse la composition isotopique de ces calcaires, ils reflètent la température de la mer dans laquelle ils sont formés. Comme on peut les dater par les méthodes paléontologiques on peut ...

ÉMILE NOËL ... reconstituer la température à l'époque.

CLAUDE ALLÈGRE La deuxième méthode est fondée sur le même principe, les abondances relatives des isotopes de l'oxygène. On mesure cette composition isotopique dans les calottes polaires, qui sont elles aussi stratifiées. Chaque année, une couche de glace se forme et puis est recouverte par une autre couche de glace l'année suivante. Il y a dans chaque couche des variations saisonnières. Là aussi, en étudiant la composition isotopique de ces couches de glace, on peut reconstituer la température, les fluctuations de température de la Terre. Les dépôts marins et la calotte polaire sont les mémoires de l'histoire de la Terre.

ÉMILE NOËL Cela veut dire qu'on peut avoir une idée de la température moyenne du Globe le long des années, le long des temps, en analysant ces deux caractéristiques que vous venez de décrire.

Louis Agassiz (1807-1873).

Ce soubassement rocheux, raboté et strié par le passage d'un glacier, témoigne que ces roches précambriennes ont été recouvertes au cours d'une glaciation.

CLAUDE ALLÈGRE Les informations qu'on obtient à partir de la calotte polaire coïncident avec celles qu'on obtient à partir des sédiments marins. Et on remonte très loin dans le temps.

ÉMILE NOËL Est-ce que l'on remonte si loin que cela ? Les ères ont quelques dizaines de milliers d'années mais la Terre a quatre milliards et demi d'années !

CLAUDE ALLÈGRE Avec la calotte polaire, on ne remonte pas très loin, à quelques centaines de milliers d'années mais, avec les sédiments marins, on remonte nettement plus loin, jusqu'à deux cent millions d'années.
Du fait de la tectonique des plaques, les sédiments marins, au bout d'un certain temps, sont réengloutis dans le manteau ; on ne peut donc pas aller au-delà avec les sédiments marins proprement dits ; il faut faire appel aux sédiments sur les continents, grâce auxquels on a des informations sur les climats de la Terre jusqu'à trois milliards d'années ; ainsi, l'enregistrement des climats est long et continu.
De plus, l'inventaire n'est pas fini. On utilise, nous l'avons vu, les sédiments marins et la calotte polaire dans laquelle il faut inclure le Groenland, qui n'est pas la calotte polaire proprement dite, mais qui est formé de glaces permanentes. Puis, il y a les anneaux des arbres : les anneaux des arbres ne permettent pas de dépasser le millénaire, mais avec les arbres fossiles pétrifiés, on peut aller bien au-delà et raccorder les échelles mesurées sur les différents arbres. Les anneaux des arbres ont une certaine épaisseur et cette épaisseur dépend du climat : lorsque les années sont chaudes, les arbres fabriquent davantage de bois et on peut, d'après ces observations, reconstituer des courbes de climat. Les courbes ainsi obtenues coïncident avec les courbes déterminées par les méthodes isotopiques.
On a tout un arsenal de méthodes pour reconstituer ces climats. On a aussi alors les méthodes géologiques traditionnelles et même des méthodes historiques. Vous savez que les historiens, Le Roy Ladurie par exemple, s'est fait une spécialité d'aller chercher le temps dans les annales ; il ne remonte pas très loin, mais les dates des vendanges permettent de reconstituer les climats jusqu'à l'an 1000. Bref, on a des tas de méthodes pour reconstituer ces climats passés, et leurs

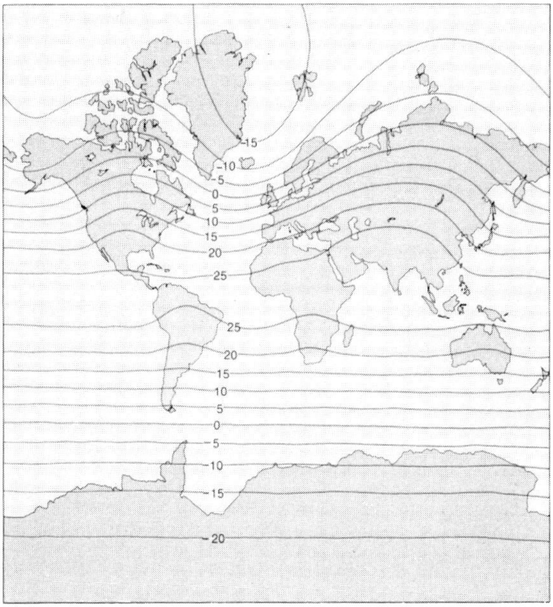

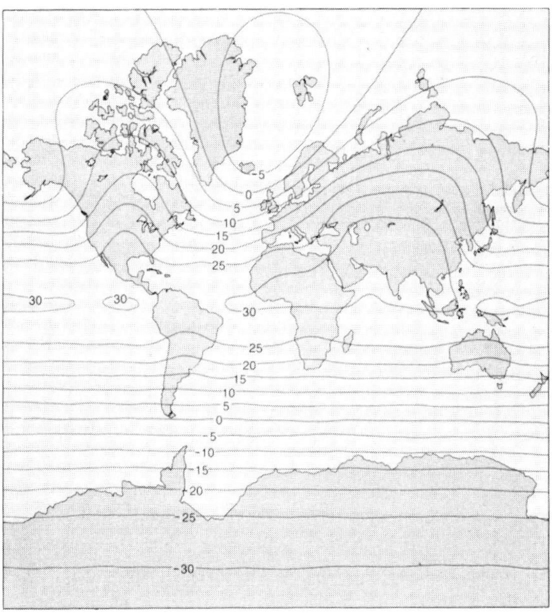

Zones de températures et régions recouvertes par les glaces il y a 115 000 ans (en haut) et aujourd'hui (en bas).

fluctuations fines, à l'intérieur de la variation générale climatique des périodes glaciaires et interglaciaires.

ÉMILE NOËL Revenons-en, tout de même, à ces longues périodes, et à l'amplitude des écarts de températures.

CLAUDE ALLÈGRE Certaines périodes ont été probablement beaucoup plus froides et d'autres ont été beaucoup plus chaudes que ce que nous connaissons, même en moyenne, dans les périodes quaternaires.
Par exemple, on sait qu'il y a trois milliards d'années à peu près les océans du globe avaient vraisemblablement des températures moyennes de l'ordre de 60 degrés. Pas question de s'y baigner... si tant est qu'il y ait eu, à l'époque, des animaux. A de telles températures, l'action chimique des eaux était très importante et les océans très actifs.
Nous savons aussi qu'à la période du carbonifère, il y a 320 millions d'années, il existait sur la Terre des calottes polaires beaucoup plus étendues que celles qui ont existé aux époques glaciaires du Quaternaire. A une période très froide a succédé, paradoxalement, une période beaucoup plus chaude.

La paléoclimatologie est une discipline très active, très liée naturellement au développement de la vie mais qui associe une foule de disciplines géologiques : on étudie la distribution des fossiles et on sait distinguer les fossiles des régions chaudes et les fossiles des régions froides. Par exemple, lorsqu'on trouve des crânes de girafe au Sahara, on est bien obligé d'en déduire qu'à cette époque le Sahara n'était pas un désert, de même lorsqu'on y trouve des végétaux fossiles relativement récents. Toutes ces méthodes paléontologiques permettent de reconstituer ces climats anciens en n'oubliant pas que la grande zone où des espèces fossiles ont été découvertes, est la zone intertropicale : quand on trouve énormément de fossiles, en particulier marins, on sait qu'il s'agissait d'une ancienne zone intertropicale.

ÉMILE NOËL Les paléontologues arrivent ainsi à reconstituer le climat. Est-ce qu'on peut connaître les causes, c'est-à-dire avoir des explications ? Est-ce qu'on a une certaine idée sur les cycles, sur les rythmes climatiques de la Terre ?

CLAUDE ALLÈGRE Je crois que oui ; je dis « je » parce que la grande majorité des scientifiques sont d'accord mais il y en a encore qui ne le sont pas tout à fait... L'explication est connue sous le nom de théorie de Milankovitch. Milankovitch était un astronome yougoslave (sa théorie avait été, en fait, déjà évoquée par un certain nombre d'autres scientifiques). Elle explique les variations du climat par les variations de l'éclairement solaire, qui sont elles-mêmes dues aux modifications de l'inclinaison de l'axe de rotation de la Terre et de la géométrie de son orbite autour du Soleil. Les variations d'ensoleillement moyen de la Terre ont été complètement déchiffrées par Milankovitch et depuis, on s'est aperçu que les petites différences qui subsistaient entre les prédictions théoriques et les observations venaient d'observations inexactes.

Il y a de plus les variations dans le cycle solaire lui-même, dans l'intensité du Soleil, mais elles sont relativement mineures. Comme on a déchiffré les interactions passées entre le Soleil et la Terre, on sait prévoir l'évolution du climat dans le futur, prédire le climat moyen. Moyen, parce qu'il y a des problèmes secondaires de détails et dans le détail, on est loin d'une prévision absolue. De surplus, il y a quelqu'un qui est

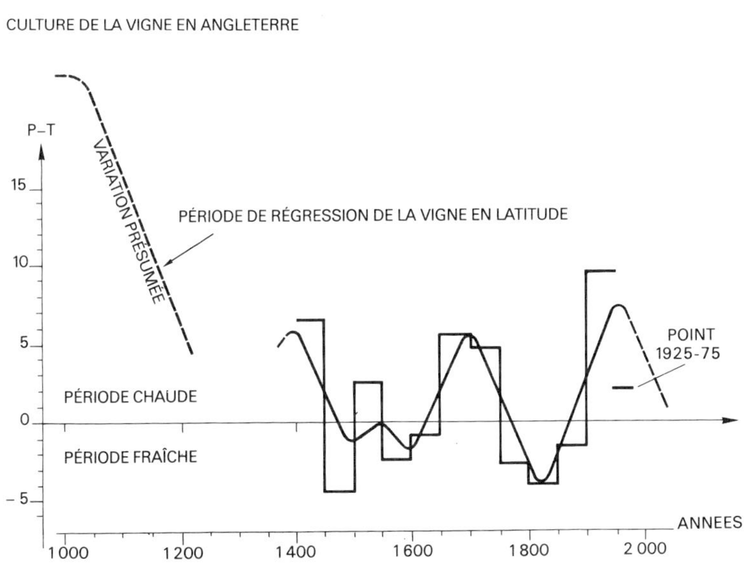

Variations climatiques déduites de la différence entre le nombre des années à vendanges précoces (P), et tardives (T) entre 1400 et 1975.

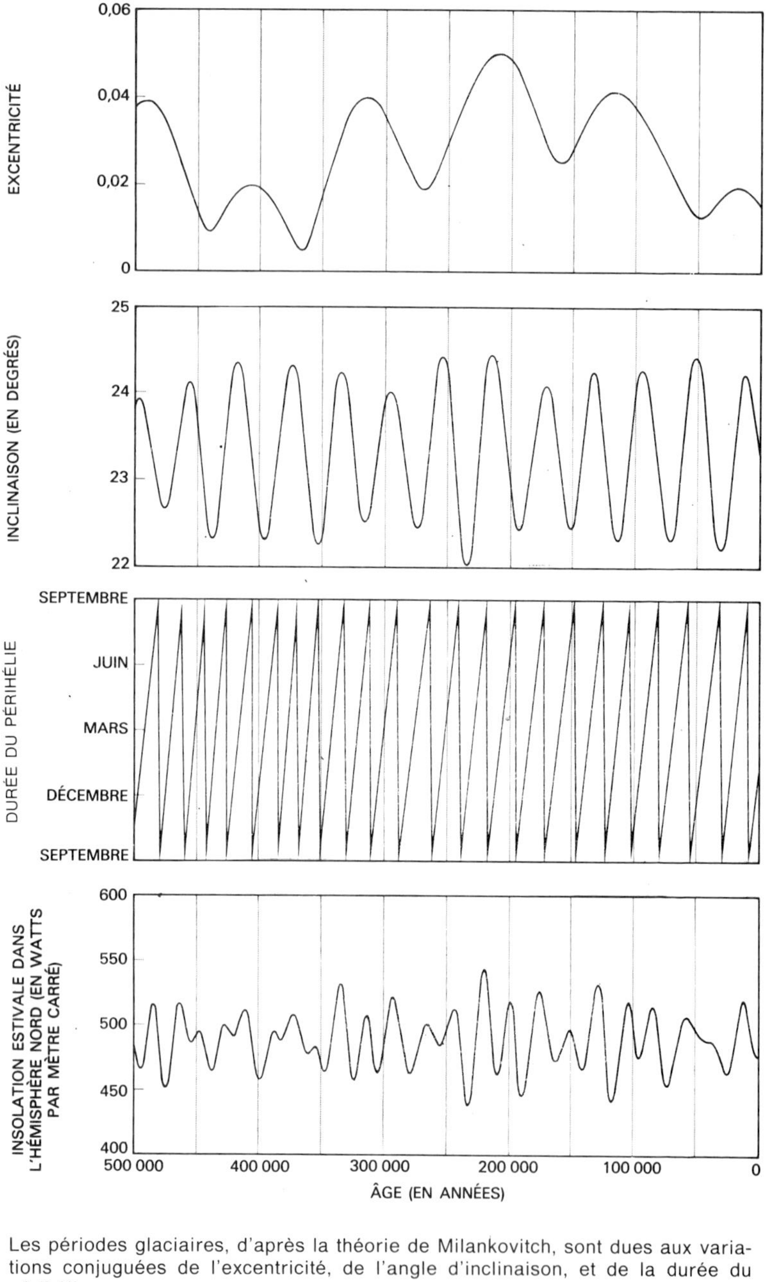

Les périodes glaciaires, d'après la théorie de Milankovitch, sont dues aux variations conjuguées de l'excentricité, de l'angle d'inclinaison, et de la durée du périhélie.

arrivé dans cette affaire d'une manière un peu tapageuse, c'est l'homme : en brûlant des combustibles fossiles, l'homme a augmenté le taux de gaz carbonique dans l'atmosphère, ce qui fait, par exemple, que depuis un siècle la température moyenne du globe a augmenté d'un demi-degré. Cette augmentation de gaz carbonique perturbe le cycle général.

ÉMILE NOËL Est-ce qu'on s'oriente vers une époque glaciaire ou est-ce qu'on s'oriente vers un réchauffement ?

CLAUDE ALLÈGRE Eh bien, on s'oriente d'abord à long terme vers une époque glaciaire, mais à court terme on est plutôt dans une phase temporaire de réchauffement ; quand nos grands-mères nous disaient que les étés d'autrefois étaient meilleurs qu'aujourd'hui, elles avaient raison : il faisait, il y a quarante ans, plus beau l'été que maintenant, mais nous sommes en train de remonter, c'est-à-dire que vous pouvez investir dans les stations balnéaires. Il va faire de plus en plus beau l'été et, paradoxalement, le contraste entre l'été et l'hiver va augmenter.
Le paramètre intéressant dans la théorie de Milankovitch, c'est que ce sont les hivers, la température moyenne des hivers et leur durée, qui déterminent l'ensemble du cycle à cause du retard à la fusion de la glace. La prévision est assez simple : on va avoir des hivers un peu plus rigoureux mais plus courts et des étés plus chauds.

ÉMILE NOËL On ne pourra plus dire : « il n'y a plus de saisons, mon pauvre Monsieur ! »

CLAUDE ALLÈGRE On pourra dire : « il y a des saisons », sauf, encore une fois, si la perturbation qu'a introduite l'homme dans la distribution des cochonneries dans l'atmosphère fait que cette prédiction se réalise mal. Nous verrons cela dans un autre chapitre.

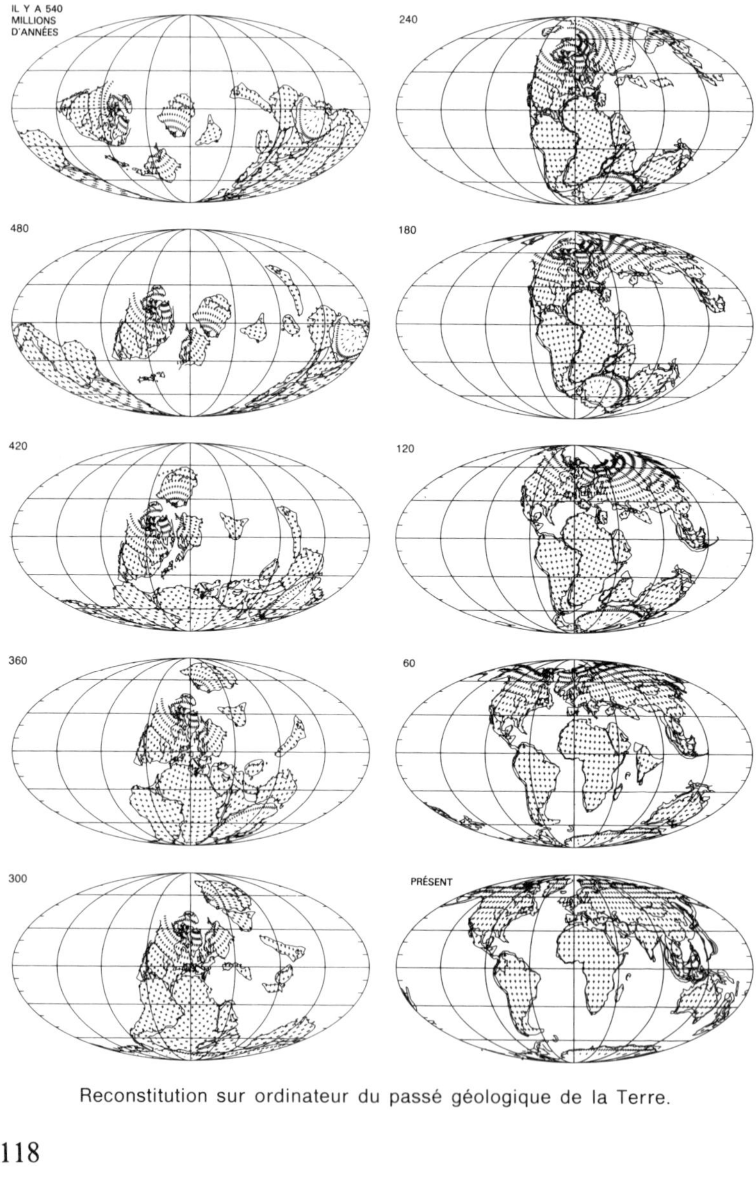

Reconstitution sur ordinateur du passé géologique de la Terre.

CHAPITRE 10

LA VIE SUR LA TERRE

ÉMILE NOËL La Terre semble être la seule planète du Système solaire qui contienne la vie ou, tout au moins, de façon significative.

CLAUDE ALLÈGRE Je crois qu'on peut dire avec certitude que c'est la seule. Evidemment, tant qu'on n'aura pas été sur Mars, sur Titan, etc., on ne sera pas absolument sûr mais je crois que, vraiment, c'est très probable. Une chose est certaine, il n'existe aucune planète du Système solaire où une vie comparable à celle de la Terre se soit développée.

ÉMILE NOËL Ne peut-il pas exister un certain nombre de molécules prébiotiques ?

CLAUDE ALLÈGRE Il faut savoir ce que l'on entend par molécules prébiotiques. C'est un mot un peu ambigu.

ÉMILE NOËL Des macromolécules...

CLAUDE ALLÈGRE Oui, mais finalement ce n'est pas si difficile que ça de faire des macromolécules ; ce qui est vraiment difficile, c'est de faire qu'elles se reproduisent.

ÉMILE NOËL Revenons au calendrier de l'apparition et du développement de la vie sur Terre. La Terre est née, en gros, il y a 4 milliards et demi d'années.

CLAUDE ALLÈGRE Pas en gros ! Cette date est très précise et j'y tiens parce que j'ai fait partie des gens qui ont contribué à déterminer cet âge. La Terre est vieille de 4,5 milliards d'années et on pourrait même être plus précis encore. Quant à la vie, on est sûr qu'elle existait sur la Terre il y a 3,5 milliards d'années.

ÉMILE NOËL Sous quelle forme ?

CLAUDE ALLÈGRE Vraisemblablement, sous forme d'algues. Ces algues bleues ont laissé des traces rocheuses, qu'on appelle des stromatolithes et dont on a prouvé, à coup sûr, l'existence en Australie et en Afrique du Sud ; on sait ainsi que la vie existait déjà à cette époque. Mais ce n'était pas tout à fait la vie organisée ; on trouve ces algues bleues, ces associations tout au long de milliards d'années, mais on ne commence à ne trouver de la vie sous forme de bêtes, d'êtres bien organisés tels qu'on a l'habitude de les voir, seulement au début de ce qu'on appelle l'ère primaire, c'est-à-dire au début de l'étage dénommé Cambrien (− 500 millions d'années) et sous forme de fossiles que l'on appelle les trilobites et qui ressemblent un peu à la limule qui vit actuellement sur les plages de l'Amérique du Nord.
Autrement dit, durant trois milliards d'années, la vie a balbutié sous forme d'algues, de plantes, de végétaux, peut-être d'animaux, mais d'animaux très primitifs, des bactéries, avant de créer des êtres très organisés. Puis ensuite, il a fallu quand même un bon moment avant d'arriver à l'homme qui est apparu il y a trois millions d'années.

ÉMILE NOËL On voit là une accélération, parce qu'il faut trois milliards d'années pour passer de l'apparition de la vie

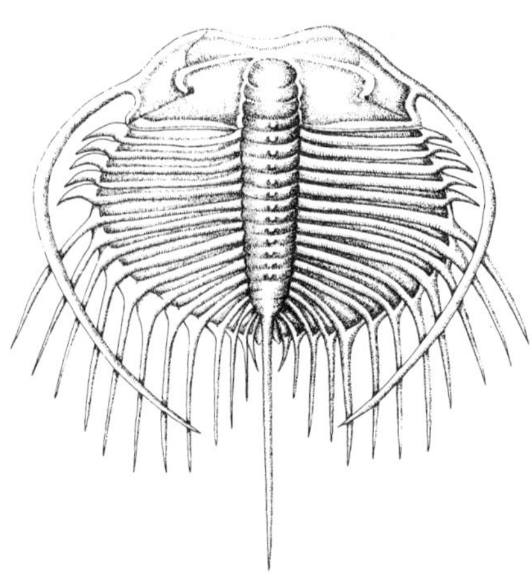

Ce trilobite, *Ctenopyge*, vivait il y a 520 millions d'années.

à des êtres organisés, puis seulement quelques centaines de millions d'années pour passer des trilobites à l'homme.

CLAUDE ALLÈGRE L'accélération du processus d'évolution biologique est indubitable. L'autre indication de cette évolution de la vie, ce sont les traces indirectes sur l'évolution de

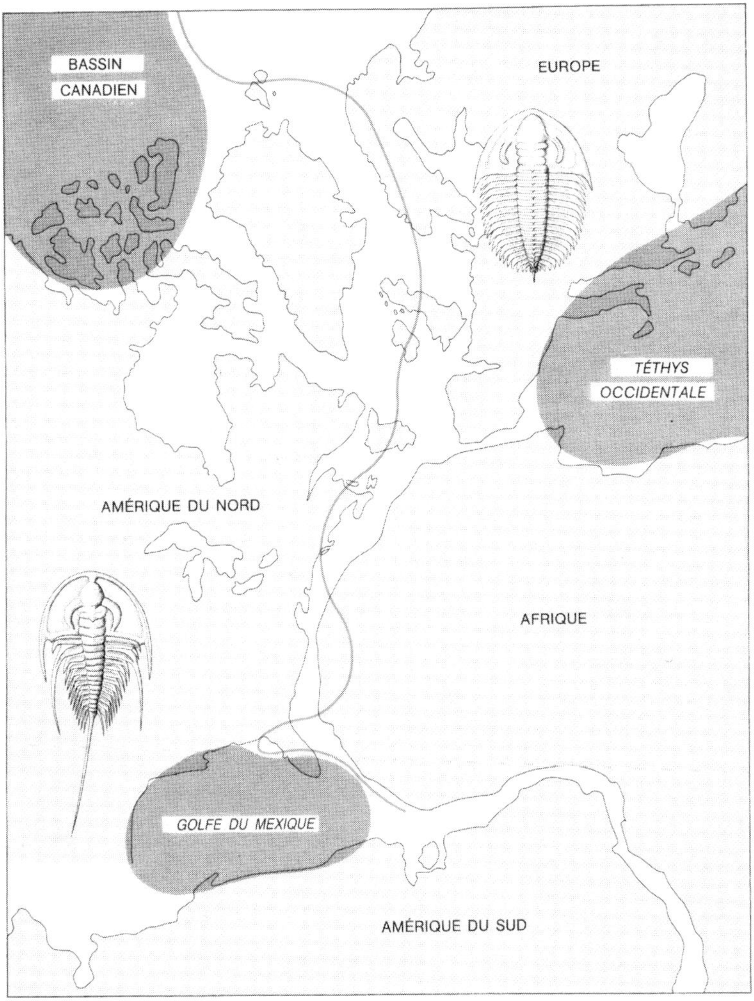

A l'époque où s'est fermé l'océan proto-atlantique, les Trilobites d'Europe et d'Amérique du Nord s'étaient différenciés.

l'atmosphère. L'atmosphère primitive il y a encore deux milliards d'années était une atmosphère très réductrice avec beaucoup de gaz carbonique, pas beaucoup d'oxygène.
On sait qu'il en était ainsi parce que le fer était transporté à l'état dissous ; or actuellement, le fer est tout de suite oxydé et tout de suite insoluble à la surface de la Terre. Un certain nombre d'indications montrent que l'atmosphère primitive était très pauvre en oxygène et que, progressivement, probablement il y a environ un milliard d'années, l'atmosphère s'est relativement oxygénée.

ÉMILE NOËL C'est la vie qui a apporté l'oxygène ?

CLAUDE ALLÈGRE Sûrement. La synthèse chlorophyllienne a transformé le gaz carbonique et chargé l'atmosphère en oxygène ; à partir du moment où il y a de l'oxygène, les êtres peuvent respirer : l'existence de l'oxygène était un préalable au développement de la vie. L'accélération de l'évolution biologique n'est peut-être pas due aux combinaisons internes des êtres vivants, des molécules, qui auraient diversifié la faune et la flore mais simplement aux conditions externes. La vie animale n'a pu se développer avant que l'oxygène soit en concentration suffisante. Il faut regarder le système globalement, le système-Terre et le système-vie, et leurs interactions qui ont fait évoluer la vie.

ÉMILE NOËL Quelles sont les disciplines qui nous permettent de retracer l'évolution de la vie sur Terre ?

CLAUDE ALLÈGRE C'est la paléontologie, la science qui étudie les fossiles, elle-même subdivisée en deux disciplines. Un premier groupe de paléontologistes étudient l'évolution de la vie archaïque et d'autres paléontologistes étudient l'évolution de la vie à partir du moment où elle est organisée. Les chercheurs du second groupe font l'inventaire de toutes les espèces fossiles, examinent leur filiation, leur rameau évolutif, leur vitesse d'évolution. On s'aperçoit que certaines espèces évoluent très vite, se diversifient, alors que d'autres, au contraire, restent identiques. On cite toujours la limule qui existait au Cambrien et qui existe toujours, qui n'a pas changé ; il y en a d'autres. Il y a des espèces qui disparaissent, il y a des espèces qui naissent, et cette évolution s'explique à la lueur de la théorie de Darwin.

MILLIONS D'ANNÉES	ÈRES	PÉRIODES	SOUS-SYSTÈMES	ÉVÉNEMENTS
0	CÉNOZOÏQUE	QUATERNAIRE	PLÉISTOCÈNE	ÉVOLUTION DE L'HOMME
50		TERTIAIRE	PLIOCÈNE MIOCÈNE OLIGOCÈNE EOCÈNE PALÉOCÈNE	RADIATION DES MAMMIFÈRES
100	MÉSOZOÏQUE	CRÉTACÉ		DERNIERS DINOSAURIENS PREMIERS PRIMATES PREMIÈRES PLANTES A FLEURS (ANGIOSPERMES)
150		JURASSIQUE		DINOSAURIENS PREMIERS OISEAUX
200		TRIAS		PREMIERS MAMMIFÈRES THÉRAPSIDÉS DOMINANTS
250	PALÉOZOÏQUE	PERMIEN		EXTINCTIONS MAJEURES EN MILIEU MARIN PÉLYCOSAURIENS DOMINANTS
300		CARBONIFÈRE	WESTPHALIEN - STÉPHANIEN	PREMIERS REPTILES
			DINANTIEN - NAMURIEN	LÉPIDODENDRONS, FOUGÈRES À GRAINES
350		DÉVONIEN		PREMIERS AMPHIBIENS DIVERSIFICATION DES POISSONS A MÂCHOIRES
400		SILURIEN		PREMIÈRES PLANTES VASCULAIRES TERRESTRES
450		ORDOVICIEN		DIVERSIFICATION EXPLOSIVE DES FAMILLES DE MÉTAZOAIRES
500 550		CAMBRIEN		PREMIERS POISSONS PREMIERS CHORDÉS
600 650 700	PRÉCAMBRIEN	ÉDIACARIEN		PREMIERS ÉLÉMENTS SQUELETTIQUES PREMIERS MÉTAZOAIRES À CORPS MOU PREMIÈRES PISTES ANIMALES (COELOMATES)

Événements majeurs de l'évolution
des organismes pluricellulaires
depuis 700 millions d'années.

C'est la paléontologie qui a amené la prise de conscience de l'évolution ; la paléontologie a été en première ligne et a, paradoxalement, été négligée, car Darwin a négligé la paléontologie ! Après l'avoir utilisée comme argument, il a sous-estimé ses enseignements. En particulier, il a refusé de voir certaines données essentielles de la paléontologie, notamment les différences de vitesse d'évolution des êtres vivants. C'est l'évolution des êtres vivants qui fait que les espèces qui vivaient autrefois ne sont pas les mêmes que celles qui vivent aujourd'hui.

Vous allez au Muséum d'Histoire naturelle pour voir des fossiles. A l'ère primaire il y avait surtout des invertébrés, puis des reptiles à l'ère secondaire, des mammifères à l'ère tertiaire, puis l'homme à l'ère quaternaire. Les âges géologiques ont été divisés en fonction de l'évolution de ces fossiles. Cette division date du début du XIXe siècle : elle est le fruit du travail considérable du baron Cuvier et de l'Anglais Smith..

Parallèlement à cette évolution de la vie, on reconstitue les milieux anciens : les paléontologistes étudient non seulement les fossiles eux-mêmes mais également les roches qui contiennent les fossiles. Ils essayent de déterminer dans quelles conditions les êtres vivaient, c'est-à-dire les climats anciens, les conditions de milieux, les associations : à certaines époques, les associations étaient très riches avec beaucoup d'espèces différentes, à d'autres les espèces étaient plus isolées, etc. Nous avons un panorama extraordinaire de l'évolution de la vie.

ÉMILE NOËL Cette vision de la paléontologie est nouvelle.

CLAUDE ALLÈGRE Je crois que les paléontologistes ont eu dans le passé trop tendance à s'enfermer dans la systématique, à devenir les spécialistes extrêmement étroits et, pour beaucoup, à perdre de vue les grands traits. Cette tendance est en train de disparaître : les paléontologistes modernes connaissent la géologie, parce que c'est indispensable, mais aussi la biologie, y compris la biologie moderne, les idées de la biologie moléculaire, etc. Ils essaient de réinterpréter les archives paléontologiques.

Je crois que nous sommes à l'aube d'un renouveau de la paléontologie. Prenons un exemple : la dérive des continents fait que de petits morceaux de continents s'isolent et donnent

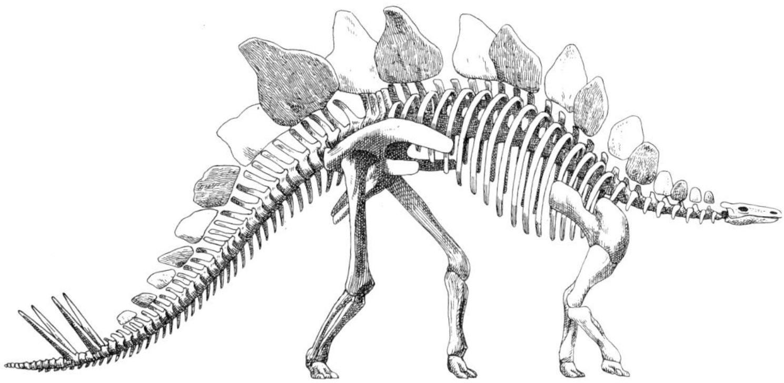

Le stégosaure, un des plus gros dinosaures, qui a disparu lors d'une catastrophe évolutionniste il y a 70 millions d'années.

des îles. Cet isolement et ses conséquences avaient d'ailleurs beaucoup frappé Darwin qui donne une place de choix dans son argumentaire à la visite des Galapagos. On sait que l'Inde s'est séparée de l'Afrique il y a 70 millions d'années et qu'un long voyage l'a amené jusqu'à sa position actuelle ; pendant ce lent périple, sa population s'est isolée et s'est diversifiée. La géologie donne un cadre qui éclaire singulièrement les processus absolument extraordinaires de l'évolution biologique et je crois que l'avenir va montrer toute la richesse de la paléontologie. Vous savez qu'un phénomène très spectaculaire est la fameuse disparition des dinosaures à la fin de l'ère secondaire.

ÉMILE NOËL Plusieurs théories ont été proposées pour expliquer...

CLAUDE ALLÈGRE Actuellement, une théorie gagne vraiment beaucoup de terrain : celle proposée par Louis Alvarez et son fils Walter. Selon l'hypothèse d'Alvarez, un phénomène extraterrestre aurait provoqué un changement brutal de climat du Globe et même l'existence d'une véritable nuit, d'un gel complet de la planète pendant trois, quatre, cinq ans. Ainsi, les espèces auraient été soumises à une sélection artificielle et seules les plus aptes à résister à ces conditions exceptionnelles auraient survécu ; les dinosaures peu aptes auraient disparu à cette occasion, ainsi que de nombreuses espèces dont les ammonites, les belles ammonites. Plus de deux mille espèces ont disparu d'une manière brutale. Quand on regarde les annales géologiques, en quelques millimètres de sédiments, des milliers d'espèces disparaissent brutalement. Donc, on a véritablement une catastrophe qui a provoqué un changement brutal des espèces à l'échelle de la Terre, il y a 65 millions d'années. Avec Alvarez, je pense qu'elle fut d'origine cosmique.

ÉMILE NOËL Quelle est la nature de ce phénomène cosmique ?

CLAUDE ALLÈGRE Je crois que personne ne le sait exactement. Est-ce une comète qui est tombée sur la Terre ? Est-ce un astéroïde géant ? Est-ce le passage de la Terre dans les bras de la galaxie où ce genre de collision a une plus grande probabilité de se produire ? Pour l'instant, nous n'en savons rien. Ce qui paraît assez clair, c'est qu'un phénomène extraterrestre a provoqué ces changements. Cette observation a une conséquence très importante sur les théories de l'évolution et ce genre de phénomène n'a pas été pris en compte par Darwin.

Depuis très longtemps, les paléontologistes nous disent : attention, il y a des époques où l'évolution va très vite, où les espèces animales et végétales changent brusquement et d'autres époques où l'évolution est plus lente. Si l'évolution n'était que l'effet de mutations aléatoires, le fameux hasard de Jacques Monod, les vitesses d'évolution devraient être à peu près constantes. Or, on s'aperçoit que ces vitesses d'évolution sont très variées. Bien sûr, la sélection a été un élément important mais cette sélection ne portait pas sur les plus aptes, comme on dit, à survivre dans des conditions normales mais sur les plus aptes à survivre dans des conditions exceptionnelles. Autrement dit, elle sélectionnait des aptitudes anormales plutôt que des aptitudes normales. C'est là un changement considérable.

ÉMILE NOËL Le cadre théorique de l'évolution tient, mais ne s'applique pas exactement comme on le croyait.

CLAUDE ALLÈGRE Exactement. Je crois que les voies de la sélection naturelle passent par des causes inhabituelles, les catastrophes.

ÉMILE NOËL La sélection n'est pas si naturelle que ça...

CLAUDE ALLÈGRE Il est amusant de penser que Cuvier, considéré comme le grand vaincu du débat avec Darwin, avait prôné le rôle des catastrophes. Les catastrophes, selon Cuvier, étaient de natures différentes, des avancées de la mer, des déluges successifs, par exemple. Il a été le grand vaincu et une bonne partie du manque de considération pour ce savant, qui est pourtant un des plus grands scientifiques français, est due à cette espèce de défaite intellectuelle face à Darwin. Eh bien, on s'aperçoit maintenant, deux siècles et demi après, que finalement, peut-être bien que Cuvier avait un peu raison et que la vérité est peut-être entre les deux, plus que du côté de Darwin.

ÉMILE NOËL Que se passe-t-il quand le Système solaire passe dans les bras de la galaxie ?

CLAUDE ALLÈGRE On ne le sait pas exactement. On sait seulement qu'il y a dans un bras de galaxie une concentration exceptionnelle d'étoiles, y compris d'étoiles jeunes, de supernovae et que les accidents y sont beaucoup plus probables. Le rayonnement cosmique est aussi beaucoup plus intense.

ÉMILE NOËL Connaît-on la fréquence de ces passages ?

CLAUDE ALLÈGRE Pas d'une manière extrêmement précise, mais à peu près tous les 100 à 150 millions d'années, et l'ordre de grandeur correspond aux fréquences des grands changements géologiques. C'est bien là qu'est le hic. On ne sait même pas d'ailleurs si les intervalles entre deux passages sont uniformes ou s'accélèrent. Donc, il y a là un problème. Nous y reviendrons. Je crois qu'il y a là un problème intéressant pour la biologie.

ÉMILE NOËL Soyons un peu égocentriques et intéressons-nous à l'apparition de l'homme.

CLAUDE ALLÈGRE L'apparition de l'homme. Les anthropologues mènent une chasse à l'os acharnée tous les ans dans la vallée de l'Omo, et ailleurs, pour essayer de trouver le crâne, les os du premier homme, qu'il s'appelle Lucy ou d'un autre nom. On a longtemps cru que l'homme était apparu il y a un million d'années ; or, les progrès de la chronologie radioactive permettent maintenant de situer l'apparition de l'homme à trois millions d'années. On a probablement beaucoup à découvrir, beaucoup de restes sont encore enfouis et seront vraisemblablement découverts au cours des prochaines années. La quête est intéressante, mais plus intéressante encore que cette ruée vers l'os, est l'étude de l'environnement dans lequel vivaient les premiers hommes. Les premiers hommes vivaient dans un milieu relativement organisé, près d'étangs, de lacs et la vie en société était déjà assez élaborée. On n'a malheureusement que des idées assez confuses sur le passage entre ces ancêtres qui ressemblent à des singes, et l'homme. Il reste beaucoup de pistes à explorer dans cette passionnante filiation. Certains pensent que nos origines remontent à des lémuriens, des petits singes, qui sont apparus à l'époque où disparaissaient les dinosaures. Ces singes sont visibles au Zoo de Vincennes (tout un secteur est consacré au lémurien) où l'on peut observer les tout premiers ancêtres ultimes de l'homme. Il est bien difficile d'imaginer que ces petits animaux fragiles sont nos ancêtres, vieux de soixante cinq millions d'années, et vous verrez avec quelles difficultés on est arrivé à des hommes tels que nous, avec en parallèle le rameau cousin, les grands singes. Cette perspective historique est intéressante.

ÉMILE NOËL L'évolution a marqué la victoire de David sur Goliath. C'est le petit être fragile qui a survécu alors que les gros durs ont été exterminés. Ce n'était pas prévisible.

CLAUDE ALLÈGRE Là est bien la difficulté.

ÉMILE NOËL On peut cependant penser qu'une fois connue l'évolution des animaux organisés, l'apparition de l'homme n'est pas particulièrement surprenante. L'apparition de la vie est étonnante mais une fois que la vie est apparue, et que l'évolution a été déclenchée, on ne s'étonne pas de voir apparaître des êtres supérieurement organisés.

CLAUDE ALLÈGRE Lorsqu'on regarde le système d'organisation des insectes, on a le mot d'intelligence au bout de la langue. Les êtres vivants sont extraordinairement adaptés, adaptables, agressifs, au sens général du terme, par rapport au milieu. La science touche là à un tabou religieux : dans ce contexte d'adaptation, l'apparition de l'homme n'est qu'un

Un lémurien, l'ancêtre de l'Homme.

chaînon dans l'évolution. L'apparition de la vie, c'est un tout autre problème, la grande discontinuité. L'expérience de Stanley-Miller a permis d'entrevoir comment a pu surgir la vie. Elle consiste à mettre des gaz simples dans une ampoule (ammoniaque, méthane, eau) et à faire passer des décharges électriques. Comme par miracle on fabrique ainsi des molécules qui sont les grandes molécules constitutives de la vie.

ÉMILE NOËL Cette expérience date déjà de quarante ans.

CLAUDE ALLÈGRE Ces quarante ans ont permis de banaliser l'expérience mais, hélas, pas d'aller plus loin. L'expérience est banalisée en ce sens que les décharges électriques ne sont pas indispensables : vous pouvez fabriquer des grandes molécules avec des sauces très diverses, même avec du gaz carbonique au lieu d'un milieu gazeux réduit, avec des infrarouges, avec des ultraviolets, avec des rayons gamma. Finalement, il existe une grande variété de soupes prébiotiques ; de nombreux chercheurs ont montré comment des espèces de grumeaux pouvaient se couper en morceaux et donner d'autres grumeaux, etc. mais personne n'a encore été capable de trouver des molécules qui se reproduisent identiques à elles-mêmes. Une hypothèse séduisante a été lancée à partir de la reproduction des argiles. Les argiles existent dans l'eau ; en présence de leurs éléments nutritifs, elles fabriquent des couches d'argiles strictement identiques à elles-mêmes. En présence d'eau pure, elles se coupent en lamelles, et remises ensuite dans de l'eau chargée de sel, elles refabriquent de nouvelles argiles. Selon certains tel est le mécanisme de la reproduction car les argiles se reproduisent ainsi.

ÉMILE NOËL Il y a aussi le modèle des cristaux.

CLAUDE ALLÈGRE On peut prendre des tas de modèles, mais personne n'a été capable jusqu'à présent de fabriquer des molécules qui, de manière autonome, se reproduisent : c'est là le mystère de la vie. Autrement dit, sur cette discontinuité fondamentale, on n'a guère avancé. On connaît un peu mieux les conditions dans lesquelles la vie a peut-être pris naissance, les endroits où des scénarios sont plausibles sur le plan théorique, mais personne, expérimentalement, n'a beaucoup progressé.

Il est relativement facile de fabriquer des grandes molécules et ce qu'on apprenait à l'école – la vie seule est capable de fabriquer des molécules compliquées – est infirmé. En revanche, l'apparition de la fonction de réplication, de reproduction automatique, la faculté d'utiliser de l'énergie pour organiser de la matière, reste énigmatique. L'apparition de la force vitale demeure mal connue, ce qui laisse le champ ouvert à des tas de spéculations philosophiques ou religieuses. Je crois que les hypothèses religieuses, si elles doivent s'insérer, ont plus leur place là que dans l'apparition de l'homme sur Terre. L'apparition de la vie reste un mécanisme extrêmement mystérieux, quels que soient l'enthousiasme et l'optimisme de mes collègues qui s'occupent de ces problèmes.

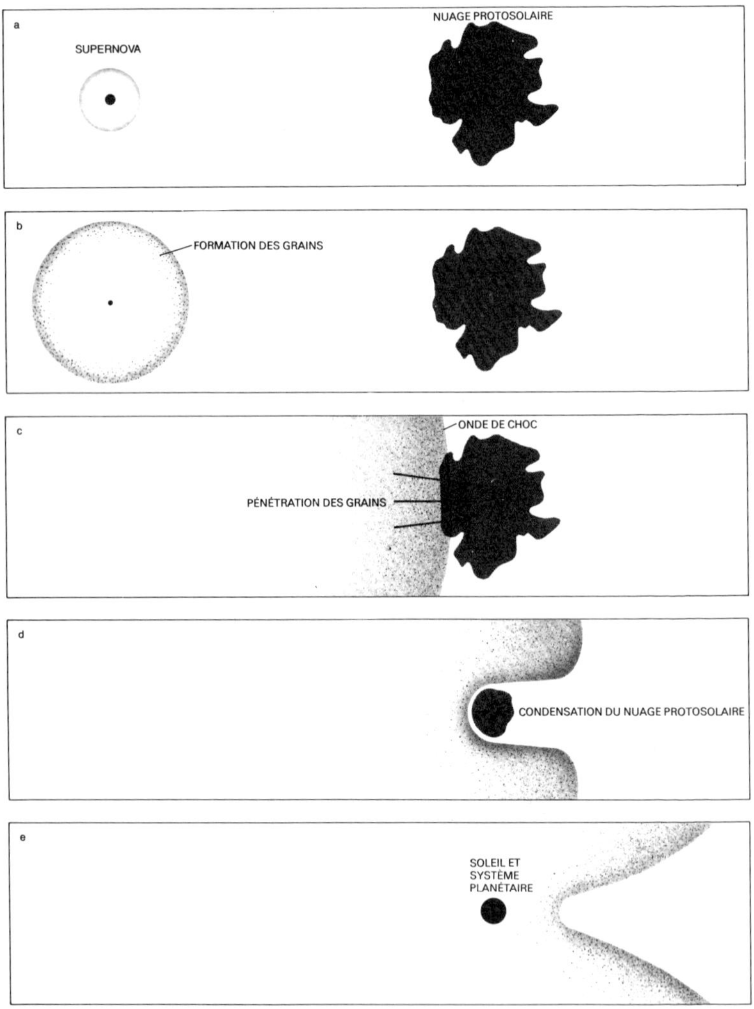

Formation du système solaire lors du passage d'une onde de choc éjectée par une supernova.

CHAPITRE 11

LA TERRE DANS LE SYSTÈME SOLAIRE

ÉMILE NOËL La Terre est la seule planète sur laquelle on sait que la vie existe mais il y a, dans le système solaire, d'autres planètes que l'on va étudier et comparer.

CLAUDE ALLÈGRE Cette conscience que la Terre n'est pas unique est acceptée théoriquement, depuis très longtemps mais on n'en a vraiment pris conscience du point de vue géologique que depuis ce fameux 21 juillet 1969 où Armstrong a posé son pied sur la Lune, c'est-à-dire depuis que l'on explore les planètes.

ÉMILE NOËL La réalisation du rêve de Jules Verne « De la Terre à la Lune »...

CLAUDE ALLÈGRE ... dont les visions géologiques restaient pauvres. Nous n'avons peut-être pas encore mesuré, faute de recul, l'intérêt de cette prise de conscience ; il y a presque vingt ans, on a recueilli nombre d'échantillons de roches lunaires, il y en a ici dans le laboratoire de l'Institut de Physique du Globe. On a recueilli des photographies complètes de la Lune et de Mercure. On s'est posé sur Vénus bien que la température au sol soit de 450 degrés et on a pris des photos de la surface de Vénus.

ÉMILE NOËL Quand vous dites « on » : ce sont des machines.

CLAUDE ALLÈGRE Ce sont des sondes. Les sondes soviétiques et américaines ont traversé l'atmosphère extrêmement

épaisse de Vénus qui ressemble plutôt au fond de l'océan qu'à une atmosphère habituelle. Cette atmosphère contient des nuages d'acide sulfurique, d'autres d'acide chlorhydrique : très peu sympathique !
Examinons les planètes plus éloignées du Soleil que la Terre : notre connaissance de Mars est excellente : on s'y est posé ; on a photographié Mars avec un extrême détail et on y a vu les plus grands volcans du monde, qui sont des volcans boucliers comme ceux de Hawaii mais dix fois plus élevés : on y a photographié les calottes polaires et observé qu'il existe un climat sur Mars, des variations saisonnières et des « ères » : la calotte polaire a été, dans le passé, plus étendue. On a vu qu'il y avait eu, pendant un temps, des pluies et un cycle de l'eau mais, actuellement, l'eau est bloquée dans les calottes polaires. On a vu aussi les deux satellites de Mars, Phobos et Déïmos, qui sont petits et qui ressemblent à des pommes de terre et non pas à des satellites ronds.

ÉMILE NOËL Ils sont trop petits pour que l'attraction gravitationnelle ait pu leur conférer une forme sphérique.

CLAUDE ALLÈGRE Oui, et puis, on a dépassé le grand espace qui, entre Mars et Jupiter, est rempli d'astéroïdes pour aller explorer Jupiter. On a même mesuré la composition externe de son atmosphère et surtout observé ses satellites ; par une chance extraordinaire, on s'est trouvé dans l'environnement de Jupiter au moment où il y avait une éruption volcanique sur le satellite Io, et l'on a observé une éruption volcanique dans une planète d'une composition très différente de tout ce qu'on avait vu jusqu'alors.
La planète Io est faite de roches solides où *le* composant dominant ou, en tous les cas, *un* composant dominant important est le soufre. On a aussi étudié de plus près les autres satellites de Jupiter qui, eux, sont recouverts de glace. Et là, on a vu une chose extraordinaire, on a vu des volcans qui émettent de l'eau : ce sont des fontaines sauf que cette eau coule comme coule la lave d'un volcan et se solidifie en glace ; le mécanisme est le même que pour un volcan normal, terrestre : fusion, naissance d'un liquide, montée du liquide à la surface, éjection à la surface, coulée et puis solidification de la coulée.

ÉMILE NOËL Ainsi, alors que les phénomènes terrestres correspondants se font à 1 000 degrés, ou un peu plus, tout se passe aux alentours de zéro degré sur les satellites de Jupiter.

CLAUDE ALLÈGRE Ces satellites de Jupiter, Ganymède, Europe, Callisto, photographiés dans les détails, posent de nombreuses questions : on n'a pas encore élucidé les mystères de leurs structures.
On a vu aussi qu'ils avaient été bombardés par des bolides, par des météorites comme l'a été la Lune, comme l'a été Mercure, comme l'a été Mars et comme, probablement, l'a été la Terre. On sait qu'il subsiste des cratères météoritiques sur la Terre mais beaucoup ont probablement disparu. On a aussi découvert que Jupiter avait des anneaux comme Saturne et que des anneaux existent autour de toutes les grandes planètes : ces anneaux sont constitués de petits morceaux de roches et de poussière qui ne sont pas condensés pour donner des planètes.

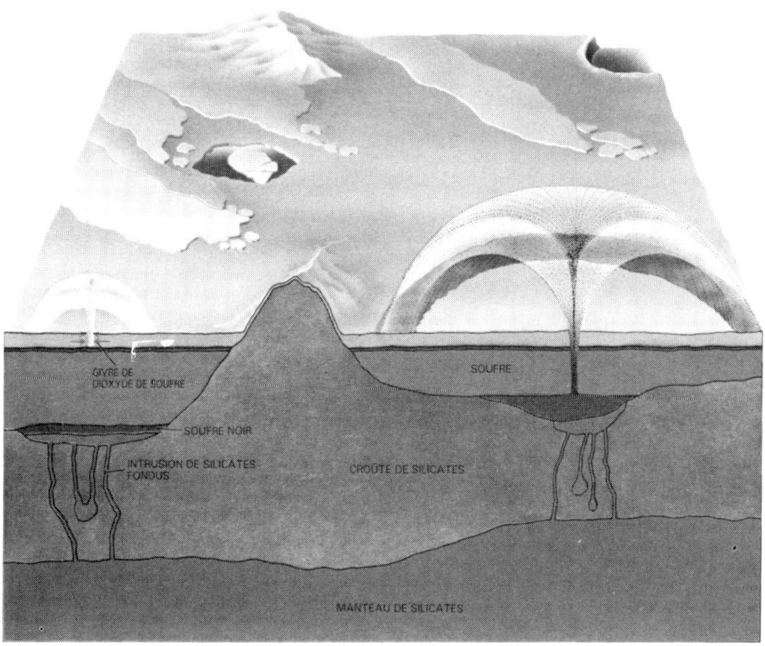

Modèle d'un volcan de soufre sur Io, le satellite de Jupiter.

Puis on a survolé Saturne de très près ; Titan est entouré d'une atmosphère très épaisse, donc on ne l'a pas vu comme on le souhaitait, mais on a fait des photographies très précises d'autres satellites de Saturne et observé leur composition chimique. Finalement, ces planètes sont toutes rondes, toutes tournent, toutes sont stratifiées en densité : la partie la plus dense est au centre, la partie la moins dense est au bord. Ce qui fait leur variété, c'est leur composition chimique. Cette variété chimique semble obéir à une logique : plus on s'éloigne du Soleil plus les composants volatils sont abondants, comme si le Soleil chaud avait chassé vers la périphérie les composants chimiques les plus volatils et n'avait toléré vers son centre que les composés chimiques les plus réfractaires. Ce qui fait que les planètes dites terrestres, Mars, Vénus, Mercure et la Terre sont des planètes dont l'atmosphère est très ténue ; cette atmosphère, dite secondaire, résulte du dégazage de la partie solide.

ÉMILE NOËL Et ce sont des planètes à forte densité ?

CLAUDE ALLÈGRE Ce sont effectivement des planètes à très forte densité : des planètes rocheuses avec un petit peu d'atmosphère. A l'inverse, à partir de Jupiter, les planètes ont retenu une atmosphère gigantesque au point que Jupiter a une composition chimique qui est probablement très proche de celle du Soleil, c'est-à-dire très primitive.
Jupiter, Saturne, Uranus, Neptune semblent chimiquement comparables à de petits soleils : leurs satellites sont organisés tout comme les planètes sont organisées par rapport au Soleil ; plus on s'éloigne de ces planètes plus leurs satellites ont des densités faibles et donc plus leurs composants volatils sont importants. Il existe ainsi une double zonation dans le Système solaire et une grande diversité chimique, de Mercure qui n'a pas d'atmosphère, probablement un très gros noyau de fer et une petite enveloppe de silicate, à Titan, qui est une planète extraordinaire puisque c'est la planète du pétrole ! Sa surface est un océan de pétrole. Malheureusement, on ne pourrait pas y circuler facilement parce qu'il n'y a pas d'oxygène dans son atmosphère.
A travers cette variété, il existe des points communs. D'abord, le volcanisme est omniprésent : dans le Système solaire, le volcanisme est le grand phénomène géologique. La

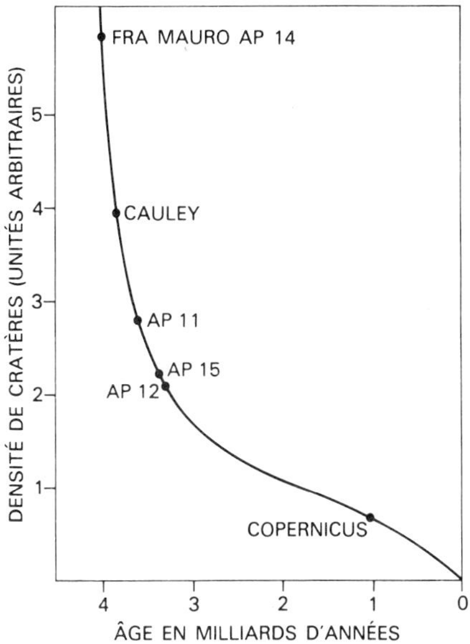

Densité des cratères en fonction de leur âge.

fusion et la naissance de liquides qui montent à la surface se retrouvent dans tout le Système solaire, et ont existé, probablement, encore plus fortement au début des temps géologiques, au moment où le Système solaire se formait, il y a 4,5 milliards d'années.

Le deuxième aspect extrêmement important est l'existence de cratères dus au bombardement de météorites. Le bombardement de météorites que l'on peut détecter sur la Terre ou qui tombe sur la Terre aujourd'hui, n'est que la queue d'accrétion, la fin du processus d'accrétion : les planètes se sont formées à partir d'un nuage de poussières qui se condensait en donnant de petits morceaux de roches grosses comme le poing, qui elles-mêmes s'agglioméraient pour donner finalement des corps de dimensions kilométriques, puis des planètes telles que nous les connaissons aujourd'hui. Cette agglomération ou accrétion est le résultat de collisions qui ne se manifestent aujourd'hui que par la chute d'une météorite, la capture d'un matériel solide par une planète.

Sur la Lune, en datant les différents terrains et en mesurant la densité de cratères on a pu effectivement montrer que le bombardement avait décru : beaucoup plus élevé il y a 4,5 milliards d'années – à l'époque de la formation des planètes – il a diminué progressivement jusqu'à n'être maintenant pas très important, mais néanmoins important. C'est le grand enseignement de l'exploration lunaire.

ÉMILE NOËL S'il y a moins de météorites, c'est parce qu'elles ont été captées.

CLAUDE ALLÈGRE Absolument. Après le coup de balai qui a aggloméré les poussières en planète, la quasi-totalité des météorites ont disparu. On en déduit le mécanisme par lequel les planètes se sont formées, il y a 4,5 milliards d'années ; l'exploration spatiale a amplement confirmé ce phénomène. On s'est ensuite rendu compte que, de temps en temps, le phénomène s'inversait : parfois des chutes de météorites étaient tellement fortes qu'elles ont arraché des morceaux à la planète, lesquels se promènent dans l'espace et puis retombent sur une autre planète : des morceaux de Lune sont ainsi tombés sur la Terre, on le sait parce qu'on peut les comparer avec les morceaux qu'on a rapportés.
On a trouvé ces morceaux de Lune après une exploration intensive de l'Antarctique, entreprise par les Japonais et les Américains depuis quelques années (dans l'Antarctique il n'y a rien, donc on peut retrouver ces météorites). Certaines viennent même probablement de Mars. Bien sûr, la plupart des météorites sont issues de la ceinture d'astéroïdes située entre Mars et Jupiter. On recueille ainsi, sans trop se déplacer, des échantillons d'astres !

ÉMILE NOËL Nous sommes encore dans le Système solaire mais il y a au moins une sonde qui est sortie du système solaire et qui est partie avec une petite plaque portant un message... Le Système solaire n'est pas isolé dans la galaxie.

CLAUDE ALLÈGRE Non, il n'est ni isolé dans l'espace, ni dans le temps. Le Soleil est une étoile finalement très ordinaire qui ne fabrique pas grand'chose si ce n'est qu'elle brûle de l'hydrogène pour fabriquer de l'hélium. Par conséquent, tous les éléments chimiques, autres que l'hélium, sont des éléments qui sont hérités, qui se sont fabriqués avant l'expansion du Système solaire, au cours de ce que l'on appelle la nucléosynthèse.

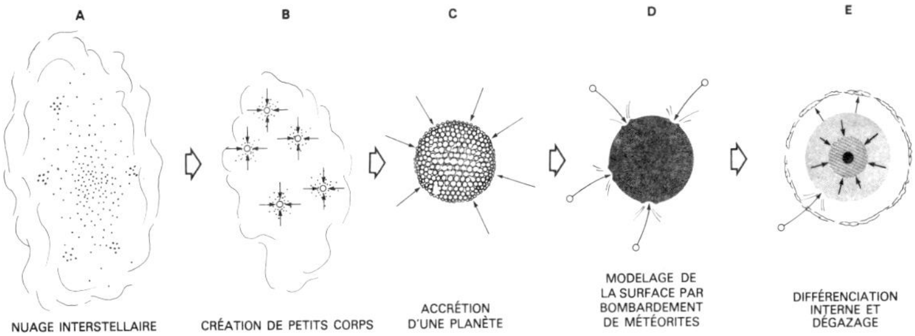

Formation d'une planète.

Cette nucléosynthèse de certains éléments s'est faite au moment du Big-bang : c'est le cas de l'hydrogène et de quelques éléments légers ; la synthèse d'autres éléments s'est faite dans les étoiles. Ces étoiles qui existaient bien avant le Système solaire ont explosé, ont émis leur matière dans l'Univers et le Soleil n'en est qu'une recondensation. Parmi ces étoiles qui ont fabriqué les éléments chimiques dont nous sommes tous constitués, on pense qu'une ou plusieurs ont explosé juste avant la formation du Système solaire pour donner des supernovae ou des novae. L'étude détaillée des compositions isotopiques dans les météorites semble montrer qu'une supernova a engendré le Système solaire. Comment le sait-on ? Parce qu'on retrouve des traces d'éléments radioactifs dont la durée de vie était tellement courte qu'ils n'ont pu être formés que très peu de temps avant le Système solaire. Ainsi, dans le temps, le Système solaire n'est pas isolé.

Dans l'espace, il n'est pas isolé non plus, c'est-à-dire qu'il fait partie de la galaxie. Notre galaxie est elle-même une galaxie parmi des milliers et, dans cette galaxie, le Système solaire tourne comme toutes les étoiles de la galaxie ; de temps en temps, tous les deux cent millions d'années, il passe par ce qu'on appelle les bras de la galaxie, c'est-à-dire des régions de la galaxie où il y a une accumulation d'étoiles. Les bras de la galaxie correspondent à un ralentissement du mouvement des étoiles : c'est un petit peu comme comme au voisinage d'un feu rouge autour d'une place, où les voitures sont plus denses près des feux rouges que loin des feux rouges. Néanmoins, ce ne sont jamais les mêmes voitures. Un bras de galaxie est une zone d'accumulation d'étoiles. Lorsqu'on passe dans les bras de la galaxie, il se passe des tas de phénomènes car les rayonnements y sont beaucoup plus abondants. Il y a probablement des variations de température, mais en tout cas, il y a des poussières. Il se pourrait aussi que les chutes de météorites soient plus abondantes, qu'il y ait plus de comètes ou de captures de comètes. Bref, il y a...

ÉMILE NOËL ... des collisions ?

CLAUDE ALLÈGRE Des collisions, peut-être. En tous les cas, il se passe probablement quelque chose. Une partie de mes collègues pensent que des grands processus de destruction d'espèces vivantes ont eu lieu lorsque le Système solaire est passé dans les bras de la galaxie.

ÉMILE NOËL Nous avons vu que c'est une des explications de la disparition des dinosaures.

CLAUDE ALLÈGRE Par exemple. Nous ne sommes, ainsi, pas isolés dans l'Univers. Notre planète reçoit à coup sûr des météorites. S'il tombait une très grosse météorite sur Paris, Paris serait rayée de la carte ; la probabilité de cet événement est très faible mais ça peut arriver.
D'autre part, nous recevrons un rayonnement du Soleil et ce rayonnement fluctue. Nous recevons aussi, mais nous en sommes beaucoup moins conscients, un rayonnement de haute énergie qui est composé de protons, qu'on appelle le rayonnement cosmique galactique ; nous en sommes protégés, dans les latitudes où nous sommes, par le champ magnétique terrestre qui le dévie très fortement vers les pôles et, d'autre part, par l'atmosphère où ce rayonnement est arrêté. Dans les périodes où le champ magnétique n'a pas existé et où l'atmosphère était moins dense, ce rayonnement cosmique galactique tombait sur la Terre et avait probablement des effets beaucoup plus importants que maintenant.
La structure de la Terre ne peut être comprise qu'en tenant compte de ces interactions avec l'Univers. Faisons une analogie avec la politique ; autrefois, les Etats ne se préoccupaient pas de leurs voisins ; ils étaient presque complètement indépendants. Ils étaient isolés, et puis ensuite ils ont commencé à se faire la guerre parce qu'ils eurent conscience de l'existence de voisins ; maintenant, les États sont obligés de se préoccuper de l'ensemble de la planète tant du point de vue

économique que du point de vue démographique. Pendant très longtemps, nous, scientifiques de la Terre, avons considéré que la Terre était un système isolé. D'ailleurs, à l'intérieur de la Terre, on considérait que la croûte était isolée du manteau, et on pensait ne pas avoir besoin, pour comprendre la géologie de surface, de se préoccuper de l'intérieur. Nous avions tort car la Terre est un vaste système. Maintenant, on se préoccupe beaucoup de savoir dans quelle mesure la Terre est isolée, c'est-à-dire indépendante du cosmos.

ÉMILE NOËL D'autant plus que les noyaux lourds, c'est-à-dire les éléments les plus complexes, ont été fabriqués ailleurs que dans le Système solaire, ont été captés...

CLAUDE ALLÈGRE Les éléments lourds ont été formés ailleurs que dans le Système solaire, bien sûr. Toute la chimie du Système solaire s'est conçue, d'abord, à l'extérieur du Système solaire. Puis, au moment de la formation du Système solaire, des associations se sont faites.
Les planètes, comme je vous ai dit, se sont différenciées chimiquement par rapport au Soleil, les éléments volatils étant loin du Soleil. A partir de là, notre Terre s'est faite et s'est également différenciée entre ses diverses enveloppes.

ÉMILE NOËL Elle est donc composée de noyaux extraterrestres et même extrasolaires.

CLAUDE ALLÈGRE L'hydrogène que vous avez dans votre corps est probablement aussi vieux que le Big-bang : vous avez dans votre corps des atomes qui ont 13 ou 15 milliards d'années. Le carbone de votre corps s'est fabriqué probablement dans des géantes rouges qui ont explosé il y a 6 ou 7 milliards d'années et puis les éléments plus lourds, le fer, s'est lui-même formé encore autrement, dans une supernova. Donc, les éléments chimiques sont des éléments présolaires.

ÉMILE NOËL Nous ne sommes pas jeunes du tout.

CLAUDE ALLÈGRE La chimie nucléaire est présolaire mais, en revanche, la chimie atomique est solaire. Les associations chimiques, la manière dont les éléments ont constitué la Terre

est un phénomène solaire qui a eu lieu assez rapidement, il y a 4,5 milliards d'années au moment, en même temps que les autres planètes se formaient ; la physionomie des planètes chimiques s'est constituée à cette période-là.
Nous connaissons assez bien maintenant la formation de la Terre qui était initialement très chaude, a formé et différencié son noyau interne ; le fer étant plus lourd est tombé au centre. Elle n'avait pas d'atmosphère primitive parce qu'elle était trop proche du Soleil mais une atmosphère secondaire s'est formée par dégazage. L'océan s'est aussi formé à cette période et la Terre a commencé à fonctionner.
Récemment, une vieille idée est revenue à l'ordre du jour : la Lune, finalement, est probablement fille de la Terre et résulte très vraisemblablement d'un choc d'une très grosse météorite qui a arraché de la Terre des morceaux qui étaient venus se recondenser dans l'environnement immédiat de la Terre. Cet événement a eu lieu après que le noyau terrestre s'est différencié parce que les éléments chimiques qui sont dans le noyau sont peu abondants sur la Lune. La Lune est fille de la Terre : cette vieille idée semble être vraie ; la Lune n'a pas été capturée par l'attraction gravitationnelle de la Terre, c'est la fille, et non pas l'esclave de la Terre.

ÉMILE NOËL Au vu de cette interdépendance de la Terre et de l'Univers, est-il licite de s'intéresser à la vie à l'extérieur du Système solaire, et éventuellement à l'intelligence ?

CLAUDE ALLÈGRE Cet intérêt est légitime mais il faut dire, très fermement que nous n'avons aucune donnée. Nous n'avons aucune observation. Nous n'avons aucun élément qui nous permette de dire s'il y a de la vie ailleurs. Le calcul des probabilités que certains astronomes font, est sans grand intérêt ; le calcul des probabilités est fondé sur le hasard. La vie, contrairement à ce que disait Jacques Monod, n'est à mon avis pas l'œuvre du hasard. Tant que nous n'aurons pas compris le mécanisme de formation de ces molécules vivantes, tant que nous n'aurons pas compris les conditions dans lesquelles elles se forment, nous pouvons rêver, nous pouvons spéculer, nous pouvons croire ou ne pas croire suivant nos religions et nos convictions, finalement suivant notre intuition, mais nous n'avons pas de données scientifiques.

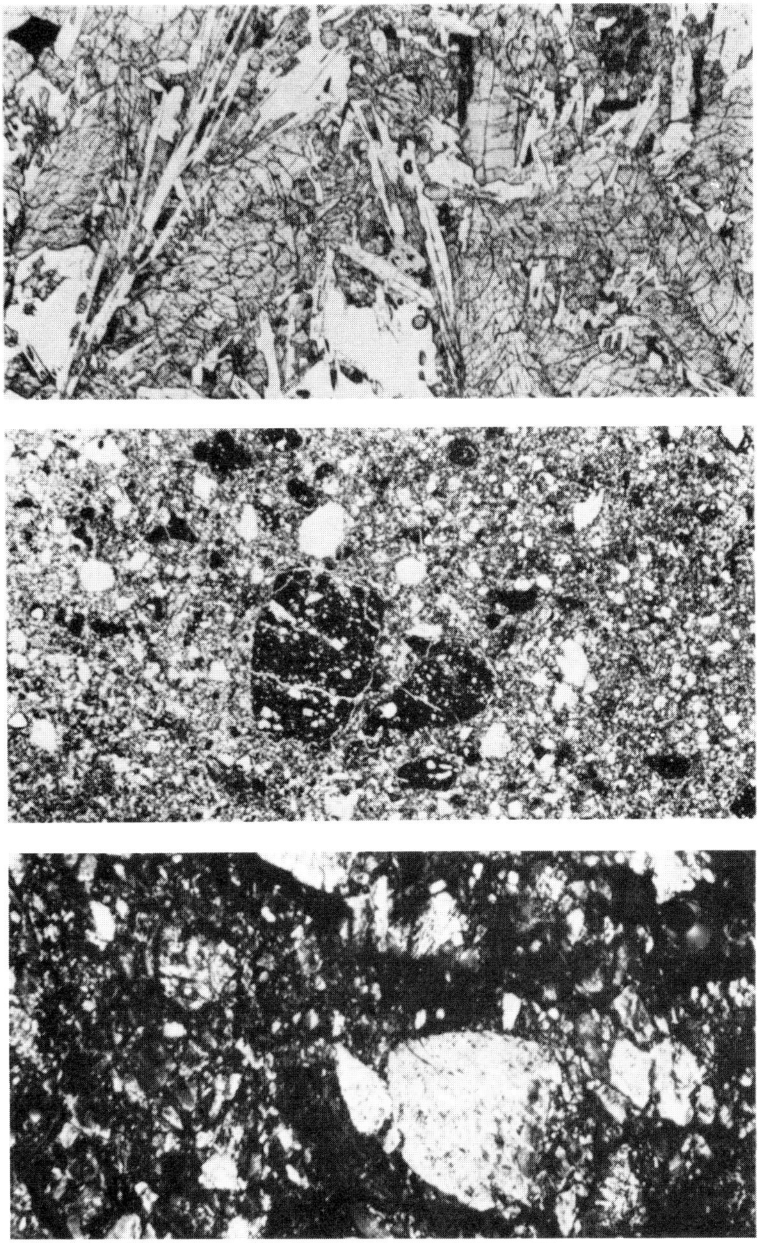

Photographies (× 12) de trois types de roches lunaires ramenées par les missions Apollo.

Quand on ne connaît rien sur quelque chose, on fait des calculs de probabilités, mais dès qu'on connaît quelque chose, le mot de probabilité ne veut plus rien dire. L'idée qu'il y ait de la vie ailleurs n'est pas absurde, elle n'est pas prouvée. L'idée qu'il puisse avoir une autre intelligence n'est pas absurde, elle n'est pas prouvée. On peut faire des scénarios, mais c'est du domaine de la science-fiction, ce n'est pas du domaine de la science.

CHAPITRE 12

L'AVENIR DE LA TERRE

ÉMILE NOËL Dans ce dernier chapitre, nous allons réexaminer la Terre, notre planète. Nous insisterons sur le rôle que nous jouons sur la planète qui est, provisoirement, la seule dont nous disposons pour vivre. Dans cette optique, plus prospective, nous verrons d'abord les phénomènes inéluctables, dus à la nature des lois géologiques et dans un deuxième temps l'impact de l'homme sur la géomorphologie de la Terre.
Nous avons balayé au cours des onze chapitres précédents, le passé de la Terre, de sa naissance jusqu'à nos jours. Nous avons vu que les continents, depuis qu'ils ont été créés, ont dérivé : je présume qu'ils vont continuer à dériver. Nous avons analysé également la place de la Terre dans le Système solaire et les conséquences de son déplacement dans la galaxie. Et puis nous savons, enfin, que le Soleil, notre étoile, a une durée de vie limitée. Pouvons-nous examiner ces trois aspects ?

CLAUDE ALLÈGRE Ce sont les trois domaines où nous pouvons faire des prédictions, je pense, assez sérieuses. Les continents vont effectivement continuer à dériver.
Dans probablement moins de 10 millions d'années, la Méditerranée n'existera plus ; l'Afrique et l'Europe se seront ressoudées ; il y aura une chaîne de montagnes quelque part entre le golfe du Lion, l'Espagne du Sud et une partie de la botte italienne ; on ira à pied entre la France et l'Afrique qui ne constitueront qu'un seul et même continent. D'autre part, Israël sera complètement séparé de l'Egypte et il y aura là une mer assez importante ; une partie de l'Afrique de l'Est se sera détaché de l'Afrique le long de la ligne des grands lacs africains qui seront à la place du lac Tanganyika. Cette

zone sera probablement en plein dans l'océan Indien. Nous aurons probablement un océan qui rejoindra par le Sud l'Océan Indien actuel. L'Australie sera montée très nettement vers le Nord et aura, probablement, dépassé le Japon ; elle mettra probablement plus de 60, 70 millions d'années pour faire ce trajet et, en remontant, elle repoussera probablement les plaques adjacentes sur son passage : la Nouvelle-Guinée sera probablement tordue, le Japon sera probablement recollé à l'Asie. Dans toutes ces évolutions, il y aura cependant des accidents qu'on ne peut pas bien prévoir, des détails fortuits parce que la géométrie des côtes joue un grand rôle dans ces collisions entre blocs mais on peut prédire que, très vraisemblablement, une chaîne de montagnes fera tout le tour de l'Asie. La géographie aura passablement changé ! Le volcanisme aura cessé sous les Andes parce que la subduction y aura disparu : cette région sera beaucoup plus calme qu'actuellement. Je pourrais m'amuser à faire de la géologie-fiction avec les données que nous avons, en extrapolant les mouvements des continents et puis en imaginant ce qui peut raisonnablement se passer.

ÉMILE NOËL Et par ailleurs, le Système solaire continuera à se déplacer dans la galaxie.

CLAUDE ALLÈGRE Lorsque nous serons dans les bras de la galaxie, c'est-à-dire dans à peu près 30 à 60 millions d'années, à peu près à l'époque où l'Australie ira vers l'Alaska, nous aurons probablement des changements assez considérables : la Terre sera bombardée par de gros projectiles, elle recevra des rayonnements cosmiques assez importants et les espèces animales évolueront très vite. A chaque fois qu'un morceau de continent se sépare, une faune et une flore s'isolent du reste du Monde et évoluent de manière indépendante ; ces mutations seront accélérées lors du passage dans les bras de la Galaxie.
Vous savez que cette observation d'espèces isolées sur les îles était une des conceptions de base qui avait donné à Darwin, l'idée de la théorie de l'évolution. Récemment, les paléontologues français ont montré l'effet de l'isolement sur un certain nombre de faunes et de flores en Nouvelle-Calédonie.
Donc on peut prévoir de formidables changements liés à ces deux causes. L'homme existera-t-il encore ? Probablement

pas, probablement pas sous forme d'homme ; il se sera très fortement diversifié. Il aura peut-être succombé à la sélection naturelle face à cette compétition redoutable que constituent les insectes ; ceux-ci semblent, pour certains tout au moins, presque aussi « intelligents » que l'homme, s'adaptant au moins aussi bien que l'homme. Quand on invente un produit pour les détruire, comme le DDT, ils s'adaptent extrêmement vite. Donc notre planète sera probablement biologiquement très différente.

ÉMILE NOËL Si la vie se perpétue, il suffit d'attendre quelques milliards d'années pour que, le Soleil explosant, le problème soit réglé.

CLAUDE ALLÈGRE Effectivement, dans 4 milliards d'années, le Soleil aura brûlé tout son combustible : ou bien il explosera, ou bien il se transformera en naine blanche et, par conséquent, de toute manière, il cessera d'irradier la planète. Mais, il se pourrait aussi que l'éclairement du Soleil décroisse un petit peu avant et s'il diminue trop, les changements climatiques sur la planète seront tels que des changements biologiques considérables auront lieu.
Tout cela n'est évidemment que de la science un peu fiction mais pas tellement. Je crois que nous avons maintenant un corpus de connaissances qui nous permettent d'envisager ces scénarios, non pas avec une absolue certitude, bien sûr, mais ils sont appuyés sur un certain nombre de données ; de toute manière les échelles de temps de ces prédictions sont telles que ni vous ni moi ne pourront les vérifier. Ce qui est intéressant c'est qu'il y a vingt ans on aurait été incapable d'imaginer des scénarios sur le futur de la Terre ou sur le futur de l'évolution de notre Système solaire.

ÉMILE NOËL L'homme intervenant sur le milieu risque de perturber grandement les prédictions qui ne tiennent pas compte de son intervention.

CLAUDE ALLÈGRE C'est vrai, mais l'homme ne changera rien à la dérive des continents et je ne crois pas que l'homme modifie le cours du cheminement du Système solaire à l'intérieur de la galaxie.

ÉMILE NOËL Non, mais il pourrait supprimer la vie avant tout ça.

CLAUDE ALLÈGRE Certes, il peut intervenir sur la vie, et nous sommes les premiers concernés. Laissons de côté la possibilité qu'il détruise la planète ou qu'il détruise une partie de la planète en se faisant la guerre.

ÉMILE NOËL Alors venons-en au danger lié à l'accumulation des déchets nucléaires.

CLAUDE ALLÈGRE Le problème des centrales nucléaires est mal traité actuellement : la sensibilisation de l'opinion est soit excessive dans certains pays, soit d'une insuffisance qui frise l'inconscience dans d'autres. Je crois qu'il faut garder un juste milieu.
Pour nombre de pays l'énergie nucléaire est un moyen unique de produire de l'énergie et si l'on produisait cette énergie, à l'aide des surgénérateurs, qui ont un rendement bien supérieur aux centrales actuelles, les réserves de la planète seraient économisées ; les réserves d'uranium de la planète sont estimées à plus de deux mille ans si l'on utilise des surgénérateurs. Avec les centrales actuelles, les réserves de la planète sont de l'ordre d'une centaine d'années, donc du siècle par rapport au millénaire. Ces chiffres sont éloquents. Alors, quid des accidents ? Le problème du nucléaire, ce n'est pas un problème de centrales nucléaires. Les centrales nucléaires tuent beaucoup moins de monde que ne tue le charbon et nous verrons tout à l'heure qu'elles sont même moins dangereuses, pour l'homme, que les centrales à combustibles fossiles. Mais il faut naturellement que les centrales n'entraînent pas un risque majeur : la dissémination des matières radioactives. Je pense que la technique moderne permet d'améliorer et même de rendre quasiment nul ce risque.
Une centrale nucléaire, contrairement à ce que pensent beaucoup de gens, ne peut pas se transformer en bombe atomique. Donc ce n'est pas là qu'est le danger. Le danger est dans des accidents locaux, les fuites. On peut être assuré que les centrales qui sont faites en France ou en Occident sont déjà beaucoup plus fiables que les centrales soviétiques mais on peut encore améliorer cette fiabilité et une proposition a été faite récemment par l'Académie des Sciences des Etats-

Unis de travailler sur ce qu'on appelle les centrales à risques zéro. C'est une bonne tendance.
Le deuxième problème, ce sont les déchets qu'il faut évacuer. Certaines techniques très sophistiquées sont extrêmement coûteuses : on a proposé de mettre les déchets dans une fusée et de l'envoyer vers le Soleil. Ainsi on s'en débarrasserait totalement et définitivement. D'autres techniques sont moins spectaculaires et moins onéreuses ; il en est une qu'on n'a pas utilisée, qui est pourtant toute simple, et que j'ai proposée il y a pas mal de temps. Elle consiste à tirer parti de l'expérience que nous avons des déserts : les pharaons dans les pyramides sont très bien conservés. Dans un désert, à la surface de la terre, il n'y a pas d'eau et par conséquent, la corrosion est très faible. Il n'y a pas d'agents atmosphériques très dangereux et on peut entreposer des déchets radioactifs pendant un million d'années sans qu'il se passe grand'chose. Ce stockage serait à mon avis supérieur à toutes les techniques qui consistent à enterrer les déchets parce que, dès que vous descendez dans l'écorce terrestre la température s'élève, l'eau circule et, par conséquent, les risques de corrosion augmentent. En plus, on enferme ces déchets dans des verres : ce me semble une fausse bonne idée. On sait que les verres, géologiquement, sont instables : ils recristallisent et ce d'autant plus qu'ils contiennent des matières radioactives ! Le problème des déchets est un problème simple à résoudre à condition qu'on veuille bien s'en occuper.

ÉMILE NOËL Quand on jette des conteneurs pleins de déchets radioactifs dans l'océan la présence d'eau entraîne une corrosion importante.

CLAUDE ALLÈGRE Cette technique d'élimination des déchets est criminelle, absolument criminelle. La notion que l'océan est un milieu infini et que toute dilution y est infinitésimale, donc négligeable, est totalement irresponsable. Je crois que l'on commence à se rendre compte que cette solution n'est pas tolérable. Le nucléaire n'est pas, d'autre part, l'unique danger mais il faut s'en occuper très sérieusement ; il existe d'autres dangers.

ÉMILE NOËL Et l'atmosphère terrestre ? Nous avons traité de l'augmentation de la quantité de gaz carbonique dans l'atmosphère qui peut changer la température, de la destruction des couches d'ozone, etc..

CLAUDE ALLÈGRE Ce danger est autrement important que le danger nucléaire. La concentration en gaz carbonique augmente dans l'atmosphère et, par ce que l'on appelle l'effet de serre, la température du globe augmente lentement. Toutefois, on n'a pas complètement élucidé le cycle du gaz carbonique. On sait que le gaz carbonique dissous dans l'eau est un facteur de l'érosion, ce gaz carbonique érode chimiquement les roches. On sait aussi que le gaz carbonique peut être stocké dans l'océan lorsque se fabriquent des coquilles de calcaire qui piègent le gaz carbonique. On n'ignore pas que les plantes absorbent du gaz carbonique et que les animaux — et les plantes aussi d'ailleurs — rejettent du gaz carbonique lors de leur respiration. Mais, on ne connaît pas parfaitement le bilan global.

La géologie nous a appris qu'il y a eu, à l'échelle des temps géologiques, des fluctuations considérables dans la teneur en gaz carbonique de l'atmosphère et que la Terre a su réagir à ces fluctuations, les atténuer c'est-à-dire diminuer cette

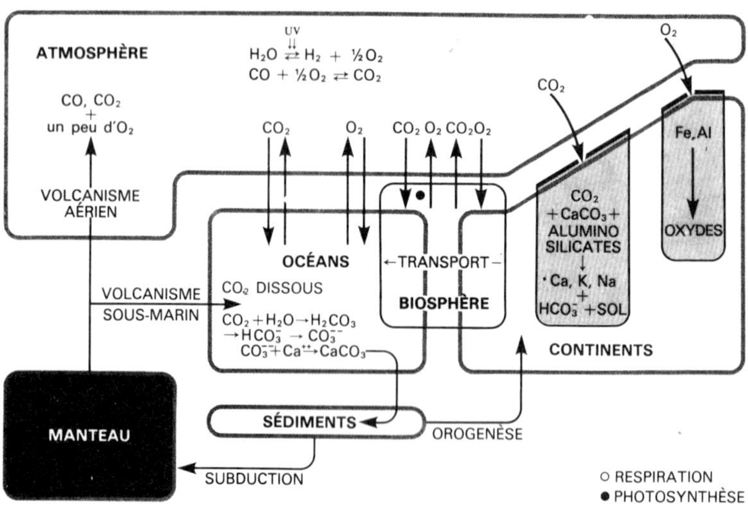

Cycle du gaz carbonique.

concentration. Malheureusement, ce qu'on ne connaît pas, c'est le temps de réponse du système-terre à ces fluctuations de concentration du gaz carbonique ; ces temps de réponse sont très probablement supérieurs à ce que peut tolérer l'homme. Le problème est extrêmement important scientifiquement et nous devrions prendre des mesures rapidement. Il faut savoir que la source du gaz carbonique est la combustion des combustibles fossiles. Alors les antinucléaires acharnés qui font l'apologie du charbon, ne voient pas que le charbon est extrêmement dangereux. Attention, je ne dis pas qu'il faut supprimer aussi le charbon, puis le pétrole et revenir aux cavernes, je ne prône ni la négation du progrès, ni la croissance zéro, mais un progrès sensé. Nous devons prendre conscience que nous n'avons qu'une planète et qu'il faut la protéger et la garder. La couche d'ozone qui se détruit, qui se déchire au niveau de l'Antarctique, est une menace grave. Je ne sais pas si la disparition de la couche d'ozone est due aux aérosols, aux nitrites ou à autre chose mais il importe de s'en préoccuper.

ÉMILE NOËL Sinon les ultra-violets arrivent...

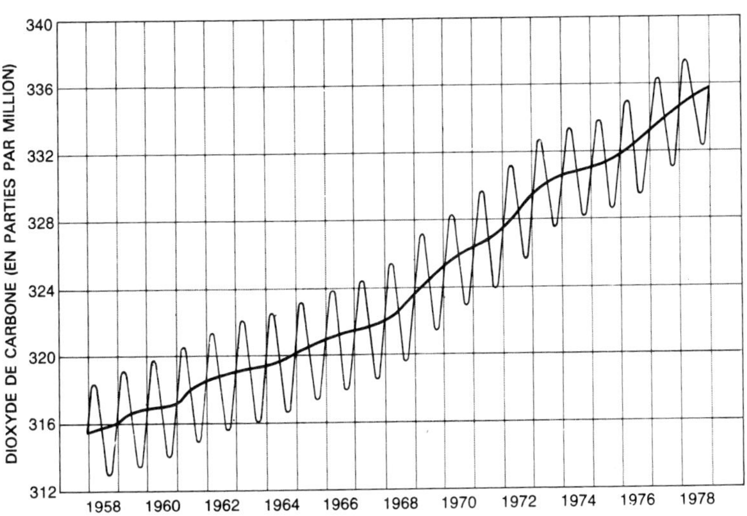

Concentration du gaz carbonique dans l'atmosphère.

CLAUDE ALLÈGRE Pour l'instant, ils n'arrivent que dans l'Antarctique mais si la couche d'ozone se déchirait effectivement, à l'échelle du Globe, ça serait désastreux pour la vie sur Terre.
La pollution dans l'atmosphère, ce n'est pas seulement le gaz carbonique et la couche d'ozone, mais aussi l'eau qui circule dans l'atmosphère et qui tombe de l'atmosphère, les pluies acides par exemple. En Tchécoslovaquie, les feuilles d'arbres sont trouées parce qu'on brûle du charbon qui contient énormément de soufre : on fabrique ainsi de l'acide sulfurique qui se dissout dans les eaux de pluies et retombe. Dans le Nord des États-Unis, il tombe des pluies acides qui viennent du Canada, par exemple de la ville de Sudbury où l'on brûle des sulfures pour la métallurgie du nickel. En France, ce n'est pas qu'à Paris que les pluies sont légérement acides. Par conséquent, là encore, il faut prendre des mesures extrêmement strictes et prévenir nos concitoyens, sans alarmisme excessif mais avec fermeté. Il faudrait arrêter de les traumatiser avec des problèmes solubles comme le nucléaire et les sensibiliser aux véritables dangers.

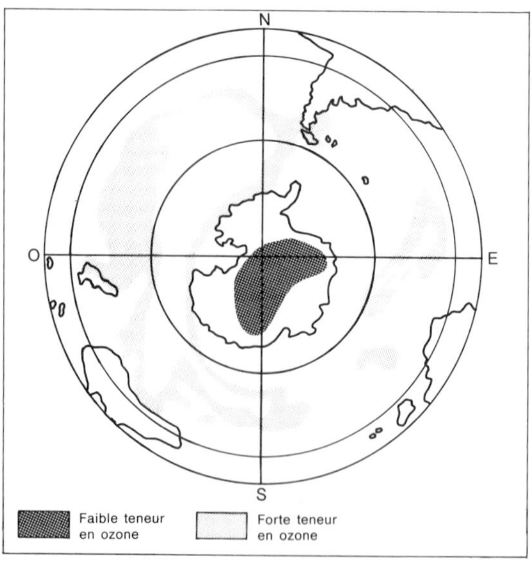

Fenêtre d'ozone au-dessus de l'Antarctique.

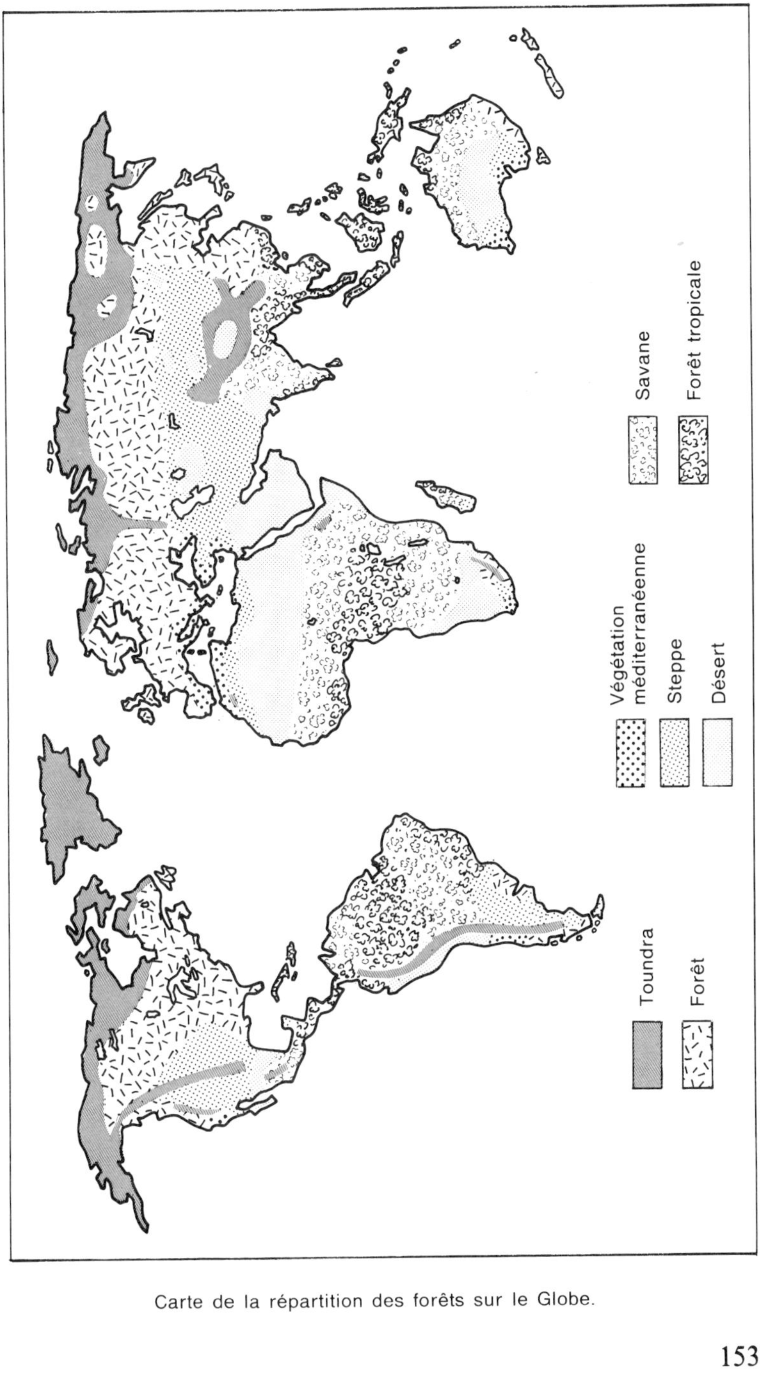

Carte de la répartition des forêts sur le Globe.

Cette action se doit d'être internationale. Notre planète est unique et petite, l'accident de Tchernobyl nous le démontre. Mais n'exagérons pas ! Les habitants de la Drôme disent : « ah, mes salades sont radioactives ! » Et alors ? Leurs salades sont moins radioactives que celles qui poussent sur le granit de Ploumanac'h en Bretagne. Ce qui est vrai c'est que Tchernobyl n'est pas loin.
Si on regardait bien, s'il y avait des contrôles chimiques sur la pluie, on se rendrait compte qu'effectivement il y a de la pluie qui vient tantôt de Pologne, tantôt du Sud, etc ; par conséquent, la petitesse de notre planète impose une action internationale.

ÉMILE NOËL Il y a aussi la pollution de l'eau sur Terre.

CLAUDE ALLÈGRE L'eau est polluée. Les nappes phréatiques sont polluées et l'on a commencé à prendre des mesures. En France, aux Etats-Unis, on a pris des mesures tout à fait sévères mais, effectivement, les sols ne sont pas suffisamment protégés. De plus la surface de sols cultivés augmente : la perturbation du système écologique est presque géologique.

ÉMILE NOËL L'anschluss des cultures et de la civilisation se fait souvent au détriment des grandes forêts.

CLAUDE ALLÈGRE Les grandes forêts sont en train de diminuer : on s'en rend compte sur les photographies prises à quinze ans d'intervalle par les satellites.
Nous avons augmenté la pollution de l'océan : l'océan est pollué et continuera à être pollué si on ne prend pas des mesures drastiques. On a l'impression que l'océan est immense donc inaltérable mais c'est une erreur. Nous devrions prendre l'initiative d'un plan pour la Méditerranée qui est extrêmement polluée.
L'homme est responsable de sa planète, il faut qu'il en prenne conscience : l'exploration du Système solaire nous a appris qu'il n'y aura pas de planète de remplacement. Il faut gérer sa planète comme on gère son jardin, comme on gère sa fortune et cette planète, on a les moyens de la gérer : les satellites d'observation, les moyens modernes de transmission de signaux, l'électronique, les grands calculateurs permettent de mettre sur pied des méthodes scientifiques pour rassembler

les informations, les traiter et comprendre l'ensemble de ce système Terre. Encore faut-il que nous en ayons la volonté. Si les sommets des pays industrialisés servaient à cette prise de conscience, ce serait très bien. Les grandes puissances

Évolution d'une forêt atteinte par les pluies acides.

pourraient, parallèlement et complémentairement, unir leurs efforts pour continuer à explorer les autres planètes. Si l'exploration des autres mondes n'était pas uniquement une compétition entre les Russes et les Américains, mais au contraire une association des Américains, des Européens, des Soviétiques, des Japonais, des Chinois, des Indiens, nous aurions un exemple d'unité mondiale remarquable et ces efforts conjugués nous aideraient à comprendre notre planète. Lorsqu'on aura étudié à fond la circulation sur Vénus, on comprendra mieux la circulation atmosphérique et la circulation des océans terrestres. Lorsqu'on aura compris comment les calottes polaires de Mars fondent, on comprendra mieux l'équilibre climatique de la Terre. Lorsqu'on aura élucidé comment le volcanisme se développe dans les diverses planètes, on saura mieux comment le volcanisme se développe sur Terre. Cette compréhension du monde est utile pour comprendre la Terre.

La science nous donne les moyens de comprendre et de maîtriser notre planète. On dit souvent « Science sans conscience... » ; je crois que cette phrase ne s'adresse pas aux scientifiques mais aux responsables politiques. La science est prête, elle a les moyens de la découverte et les scientifiques sont prêts à entreprendre ce travail. Encore faut-il que la conscience de l'ensemble du monde leur donne effectivement les instructions et les moyens de travailler : c'est le grand tournant du troisième millénaire, dans lequel nous allons bientôt entrer.

RÉFÉRENCES PHOTOGRAPHIQUES

Sun and Earth : p. 7 — *Le Système solaire*, Bibliothèque Pour la Science : p. 9 — *Scientific American* : novembre 1975 : p. 11 — Pour la Science : novembre 1983 : p. 12 — Roger-Viollet : p. 15 — Pour la Science : septembre 1985 : p. 17 — Pour la Science : février 1985 : p. 19 — *The Second Law* : p. 23 (a) — *Fossils and the History of Life* : p. 23 (b et c) — Roger-Viollet : p. 23 (d) — *Le Système solaire*, Bibliothèque Pour la Science : pp. 24 et 27 — *Sun and Earth* : p. 29 — *Fossils and the History of Life* : pp. 30 et 31 — Pour la Science : janvier 1982 : p. 32 — *Fossils and the History of Life* : p. 33 — Rapho (R. Ericson) : p. 43 — RMN : p. 45 — *La dérive des continents*, Bibliothèque Pour la Science : pp. 48, 49, 51, 55 et 57 — *Scientific American* : janvier 1970 : p. 60 (haut) — Pour la Science : novembre 1983 : p. 60 (bas) — *Sun and Earth* : p. 64 — Pour la Science : novembre 1983 : p. 67 (haut) — Pour la Science : novembre 1980 : p. 67 (bas) — *Les tremblements de terre*, Bibliothèque Pour la Science : p. 73 — Pour la Science : février 1978 : p. 75 — Pour la Science : mai 1981 : p. 77 — *Les tremblements de terre*, Bibliothèque Pour la Science : p. 79 — *Les volcans*, Bibliothèque Pour la Science : p. 81 — *La dérive des continents*, Bibliothèque Pour la Science : p. 84 — *Sun and Earth* : pp. 89 et 91 — Pour la Science : août 1981 : p. 94 — *Le Système solaire*, Bibliothèque Pour la Science : p. 96 — Pour la Science : mars 1979 : p. 99 — M. Desclaux : p. 101 — Pour la Science : juin 1982 : p. 103 — Pour la Science : mai 1978 : p. 105 — *Sun and Earth* : p. 111 (haut) — *Scientific American* : août 1964 : p. 111 (bas) — Pour la Science : avril 1984 : p. 113 — Pour la Science : décembre 1978 : p. 115 — Pour la Science : avril 1984 : p. 116 — Pour la Science : novembre 1983 : p. 118 — *Fossils and the History of Life* : p. 120 — *La dérive des continents*, Bibliothèque Pour la Science : p. 121 — *L'évolution*, Bibliothèque Pour la Science : pp. 123 et 125 — Jacana (Hladik) : p. 129 — *Le Système solaire*, Bibliothèque Pour la Science : p. 132 — *Les volcans*, Bibliothèque Pour la Science : p. 135 — *Le Système solaire*, Bibliothèque Pour la Science : pp. 137, 139, 143 et 150 — Pour la Science : novembre 1983 : p. 151 — M. Desclaux : pp. 152 et 153 — Lynx (Carp et Barke - Stern 29-84) : p. 155.

BIBLIOGRAPHIE

L'Écume de la Terre, C. ALLÈGRE, Fayard, « Le temps des Sciences ».
De la Pierre à l'Étoile, C. ALLÈGRE, Fayard, « Le temps des Sciences ».
La Dérive des continents, Bibliothèque Pour la Science.
Le Système Solaire, Bibliothèque Pour la Science.
Les Volcans, Bibliothèque Pour la Science.
Les Tremblements de Terre, BRUCE BOLT, Bibliothèque Pour la Science.
Wegener, le père de la Dérive des Continents, « Un savant, une époque ». Belin.

Aubin Imprimeur
LIGUGÉ, POITIERS

Achevé d'imprimer en mai 1992
N° d'édition 1088-03 / N° d'impression L 40216
Dépôt légal mai 1992
Imprimé en France